AF588457

HOCHSPANNUNGS-LEITUNGEN

GRUNDLAGEN UND METHODEN
ZUR PRAKTISCHEN BERECHNUNG VON LEITUNGEN
FÜR DIE ÜBERTRAGUNG ELEKTRISCHER ENERGIE

VON

DR.-ING. A. SCHWAIGER

EHRENBÜRGER DER TECHNISCHEN HOCHSCHULE KARLSRUHE
O PROFESSOR AN DER TECHNISCHEN HOCHSCHULE IN MÜNCHEN

MIT 75 ABBILDUNGEN
UND 4 ZAHLENTAFELN

MÜNCHEN UND BERLIN 1931
VERLAG VON R. OLDENBOURG

Alle Rechte, einschließlich des Übersetzungsrechtes, vorbehalten
Copyright 1931 by R. Oldenbourg, München und Berlin

Druck von R. Oldenbourg, München und Berlin

VORWORT.

Dieses Buch enthält den wesentlichen Inhalt der Vorlesungen, die ich an der Technischen Hochschule München über Leitungen, insbesondere über Hochspannungsleitungen abhalte. Es zerfällt in 3 Teile. Im 1. Teil sind die Grundlagen für die Leitungsberechnung enthalten. Im 2. Teil werden die Mittelspannungsnetze behandelt; da für diese Netze im großen und ganzen dieselben Methoden der Berechnung anwendbar sind wie für Niederspannungsnetze, sind auch diese mit einbezogen worden. Ich habe mich dabei auf die einfacheren Fälle dieser Netze beschränkt und es vermieden, auf besonders knifflige und seltener vorkommende Netze einzugehen. Im 3. Teil endlich werden die Fernleitungen behandelt. Jeder Teil bildet ein abgeschlossenes Ganzes und kann für sich gelesen werden.

Bei der Berechnung von Leitungen kann man zwei Wege gehen: Man kann mit rein rechnerischen oder mit graphischen Methoden arbeiten. Ich halte den letztgenannten Weg für die praktische Leitungsberechnung als den besseren. Das Resultat ist zwar wegen der unvermeidlichen Zeichenungenauigkeit nicht absolut exakt, dafür ist aber die Methode anschaulicher und führt rascher zum Ziel, was für die Praxis besonders wichtig ist. Die Zeichenungenauigkeit kann man unbedenklich in Kauf nehmen; denn erstens sind die Konstanten der Leitungen, die wir in die Rechnung einsetzen, selbst nur Mittelwerte, und zweitens sind die voraussichtlichen Belastungen geschätzte Werte, von denen die wirklichen Belastungen erheblich abweichen können. Es hat deshalb keinen Sinn, eine absolute Genauigkeit der Resultate anzustreben. Übrigens ist die Zeichengenauigkeit immer noch größer als die Genauigkeit der Berechnungsunterlagen. Ich bin der Meinung, daß die graphische Leitungsberechnung in der Elektrotechnik die gleiche Rolle zu spielen berufen ist wie die graphische Statik im Maschinenbau.

Auf Grund dieser Überlegungen habe ich in dieses Buch nur graphische Methoden aufgenommen, obwohl ich in meinen Vorlesungen aus didaktischen Gründen auch analytische Methoden behandle. Im 2. Teil wird eine von mir angegebene graphische Methode verwendet, da die Hocheneggsche Methode nicht ausreicht zur Behandlung der vorliegenden Aufgaben. Im 3. Teil wird für eine gewisse Form der Energieübertragung, die in diesem Buch als »zweite Hauptform der Energieübertragung« bezeichnet ist, das von J. Ossanna angegebene Diagramm wegen seiner großen Einfachheit verwendet. Für die sog. erste und dritte Hauptform der Energieübertragung habe ich ähnliche Diagramme ausgearbeitet und gezeigt, daß man auch den Wirkungsgrad der Energieübertragung und die primäre Blindleistung zur Darstellung bringen kann.

Mit diesen Diagrammen können alle bei Energieübertragungen vorkommenden Probleme in einfachster Weise gelöst werden. Besonders wertvoll dürfte sein, daß man ein und dasselbe Diagramm für alle Spannungen, Belastungen und Leitungslängen verwenden kann, wenn die Leitungskonstanten unverändert bleiben.

Mit der Abfassung dieses Buches bin ich einem mehrfach geäußerten Wunsch aus meinem Hörerkreis entgegengekommen. Ich wollte kein Lehrbuch der Theorie der elektrischen Leitungen schreiben, sondern die in erster Linie für die Praxis empfehlenswerten Methoden zusammenfassen und ihre Anwendung lehren. Ich darf deshalb vielleicht hoffen, daß dieses Buch auch in der Praxis Beachtung finden wird, zumal wohl alle in der Praxis vorkommenden Aufgaben der Leitungsberechnung mit den im vorliegenden Buch behandelten Methoden in einfacher Weise gelöst werden können.

Meine Assistenten, die Herren Guthmann, v. Zwehl und Merkl haben mich in dankenswerter Weise beim Korrekturlesen unterstützt. Herr Merkl war mir auch bei der

Auswahl der Beispiele behilflich, wofür ihm noch besonderer Dank gebührt. Dem Verlag bin ich wegen der bereitwilligen Erfüllung meiner Wünsche bezüglich der Ausstattung des Buches und wegen der raschen Drucklegung zu Dank verpflichtet.

München, Neujahr 1931.

A. Schwaiger.

Inhaltsverzeichnis.

Erster Teil. Grundlagen.

1. Aufgaben der Leitungsberechnungen.

Die bei den Leitungsberechnungen vorliegenden Aufgaben sind verschieden je nach dem Zweck der zu berechnenden Leitungen. Handelt es sich um Leitungen, die zur Verteilung der elektrischen Energie an die einzelnen Verbraucher dienen (Niederspannungs- und Mittelspannungsnetze), dann ist das Ziel der Berechnung die Auffindung des Querschnittes der Leitungen. Dieser ist bei gegebenen Belastungen durch den Spannungsabfall bestimmt und für die Wahl des Spannungsabfalles ist einzig und allein die Bedingung maßgebend, daß das Netz eine genügende Löschbarkeit besitzt. Dies heißt, die Spannungsschwankungen beim Verbraucher dürfen bei den vorkommenden Belastungsschwankungen gewisse Werte nicht überschreiten.

Ganz andere Aufgaben liegen bei der Berechnung von Höchstspannungsleitungen vor, da der Zweck dieser Leitungen ein anderer ist als der der Verteilungsleitungen. Früher wurde zwar gelegentlich die Meinung vertreten, daß man Leitungen für 100 kV und 200 kV ebenso an beliebigen Stellen anzapfen könne, um über Transformatoren die Ortsnetze speisen zu können, ähnlich wie man es bei Mittelspannungsnetzen macht. Es hat sich aber gezeigt, daß dies aus wirtschaftlichen Gründen nicht möglich ist. Der Preis der Transformatoren so hoher Spannung richtet sich nämlich nicht mehr allein nach ihrer Leistung, sondern ist in viel stärkerem Maße durch die Isolation, also durch die Höhe der Spannung bestimmt. Das gleiche gilt für das Gebäude und die Schalt- und Meßeinrichtungen der Station. Das heißt, daß eine Transformatorenstation für beispielsweise 100 kV und mäßige

Leistungen nicht wesentlich billiger wird als eine Station für größere Leistungen. Es ist also nicht wirtschaftlich, kleine Stationen anzuschließen. Demnach kommen bei den Höchstspannungsleitungen als Abnehmer nur Großverbraucher in Frage. Vielfach liegt der Fall so, und das wird die Regel für die Zukunft werden, daß die Großverbraucher selbst wieder Großkraftwerke sind, so daß also die Höchstspannungsleitungen Kuppelleitungen von Großkraftwerken darstellen zum Zwecke des gegenseitigen Energieaustausches. Da nun jedes Kraftwerk gezwungen ist, im Interesse seiner Verbraucher eine gewisse Spannung konstant zu halten, ist hier nicht so sehr der Spannungsabfall an sich die maßgebende Größe, vielmehr lautet meist die Frage so: Welche Leistungen können bei vorgegebenen Spannungen übertragen werden und durch welche Mittel (Blindströme) kann man die übertragbaren Leistungen bei festen Spannungen ändern? Auch die Frage des Querschnitts der Leitungen spielt hinsichtlich der Verluste und des Spannungsabfalles nicht die ausschlaggebende Rolle wie bei den Niederspannungs- und Mittelspannungsnetzen; denn der Querschnitt ist meist durch andere Bedingungen (Koronaverluste, mechanische Festigkeit) bestimmt. So kann man also heute nicht mehr von einem einheitlichen Ziel und einer einheitlichen Methode der Leitungsberechnung sprechen.

2. Grundlegendes Leitungsdiagramm.

a) Ableitung des Diagrammes. In Abb. 1 bedeutet AE einen Leitungsstrang mit der einfachen Länge l km, dem Widerstand R und der Induktanz ωL. Im Punkt A werde

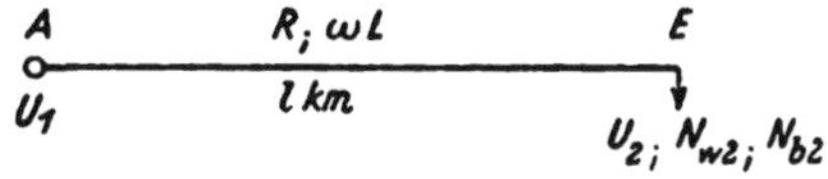

Abb. 1.

die Leitung gespeist, im Punkt E belastet. Die Belastung sei in Wirk- und Blindkilowatt N_{w2} bzw. N_{b2} gegeben. Die Spannung in E sei vorgeschrieben zu U_2; es besteht die Aufgabe, die Spannung U_1 im Punkt A zu ermitteln.

Die Lösung der Aufgabe ist einfach und allgemein bekannt. Man berechnet zunächst den in E geforderten Wirk- und Blindstrom J_w bzw. J_b und findet daraus den Strom J mit der Phasenverschiebung φ_2 gegen U_2, wie in Abb. 2 dargestellt ist. Nun trägt man U_2 phasengleich mit J_w auf und addiert hierzu geometrisch den Ohmschen Spannungsabfall $R \cdot J$ in Phase mit dem Strom J und den induktiven Widerstand $\omega L \cdot J$ senkrecht zur Richtung des Stromes J und erhält schließlich als resultierende Spannung U_1 für den Punkt A. Dieses einfache Diagramm ist von grundlegender Bedeutung für die Leitungsberechnung. Man sieht, zwischen der Spannung am Anfang und der Spannung am Ende der Leitung ist ein Unterschied hinsichtlich ihrer Größe und ihrer Phasenstellung.

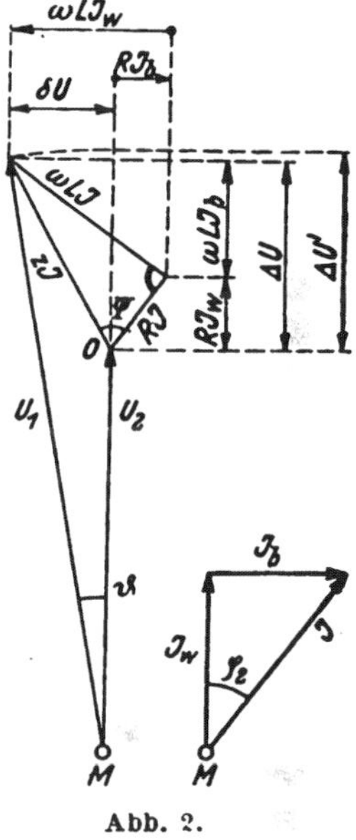

Abb. 2.

Wenn man mit U_1 als Radius einen Kreisbogen bis zum Schnitt mit dem verlängerten Vektor U_2 schlägt, dann erhält man die Größendifferenz $\Delta U'$ der beiden Spannungen. Man sieht aber, daß man mit großer Annäherung, d. h. besonders bei kleinen Winkeln ϑ auch die Strecke ΔU als Größendifferenz auffassen kann. $U_2 + \Delta U$ ist dabei die Projektion des Vektors U_1 auf die U_2-Richtung. Man nennt ΔU auch die Längskomponente des Spannungsabfalls. Wie man aus der Abbildung ablesen kann, ergibt sich für ΔU

$$\Delta U = R J_w + \omega L J_b \quad \ldots \ldots \quad (1)$$

Der Phasenwinkel zwischen den beiden Spannungen ist ϑ. Wie man aus der Abbildung sieht, ist

$$\delta U = U_1 \sin \vartheta = \omega L J_w - R J_b \quad \ldots \quad (2)$$

Man nennt δU auch die Querkomponente des Spannungsabfalles.

Wir können also den wichtigen Satz aussprechen:

Die Längskomponente ΔU des Spannungsabfalles wird gebildet durch den Ohmschen Spannungsabfall des Wirkstromes plus dem induktiven Spannungsabfall des Blindstromes.

Die Querkomponente δU des Spannungsabfalles wird gebildet durch den induktiven Spannungsabfall des Wirkstromes minus dem Ohmschen Spannungsabfall des Blindstromes.

Welche Bedeutung haben nun die Größen- und Phasendifferenzen ΔU und δU für die Leitungsberechnung?

Zunächst stellen wir fest, daß bei Gleichstrom ωL und J_b gleich Null sind; also wird für Gleichstrom

$$\Delta U = R J; \; \delta U = 0 \quad \ldots \ldots \quad (3)$$

Daraus erkennt man, daß Energieübertragung auch möglich ist für $\delta U = 0$. Dies muß auch für Wechselstrom gelten; durch Nullsetzen von δU in Gl. (2) findet man

$$\omega L J_w = R J_b;$$

daraus

$$J_b = \frac{\omega L}{R} J_w; \quad \ldots \ldots \quad (4)$$

diesen Wert setzen wir in Gl. (1) ein und erhalten

$$\Delta U = R J_w \left[1 + \left(\frac{\omega L}{R}\right)^2\right] \quad \ldots \ldots \quad (5)$$

Für ΔU erhält man also in diesem Fall einen Wert, der in der Hauptsache von dem Verhältnis ωL zu R abhängig ist. Bei Freileitungen ist ωL wesentlich größer, bei Kabeln wesentlich kleiner als R. Das heißt also, daß bei Freileitungen die Übertragung mit $\delta U = 0$ zu sehr großen Spannungsabfällen führt, was praktisch große Nachteile bringt. In dieser Hinsicht ist das Kabel der Freileitung überlegen. Bei der Übertragung mit Freileitungen muß man demnach, um zu große Spannungsabfälle zu vermeiden, auch gewisse Phasendifferenzen der Spannungen zulassen.

Natürlich ist auch eine Energieübertragung möglich, wenn

$$\Delta U = 0.$$

Man erhält dann aus Gl. (1) durch Nullsetzen von ΔU

$$J_b = -\frac{R}{\omega L} J_w; \quad \ldots\ldots\ldots \quad (6)$$

d. h. die Leitung muß einen kapazitiven Blindstrom führen. Für δU erhält man in diesem Fall

$$\delta U = \omega L J_w \left[1 + \left(\frac{R}{\omega L}\right)^2\right] \quad \ldots\ldots \quad (7)$$

Die Phasendifferenz δU hängt bei dieser Art der Energieübertragung in der Hauptsache von dem Verhältnis R zu ωL ab, sie wird also bei Kabeln sehr groß, bei Freileitungen klein. Große Phasendifferenzen sind sehr schädlich, sie können den Betrieb sogar unmöglich machen, wie wir später erkennen werden. Hier ist also die Freileitung im Vorteil gegenüber dem Kabel.

Es ist nun die Frage, welche Werte von ΔU und δU der Rechnung zugrunde gelegt werden sollen. Natürlich werden wir bei der Leitungsberechnung bestrebt sein, die zulässigen Grenzen zu erreichen, weil wir auf diese Weise die Leitungen am besten ausnützen.

b) Der Spannungsabfall ΔU. Die Wahl des zulässigen Spannungsabfalles ΔU ist eine rein wirtschaftliche Frage. Läßt man ΔU groß werden, beispielsweise durch Wahl eines kleinen Querschnittes der Leitung, so wird die Leitung billig, weil die Gewichte der Leitung, also auch die Kosten für das Kupfer oder Aluminium klein werden und damit die Kosten für die Verzinsung des Anlagekapitals der Leitung. Anderseits aber wachsen mit zunehmendem ΔU die Kosten für die Verluste auf der Leitung; denn je größer R wird, um so größer werden die Stromwärmeverluste und damit die Kosten für die in Wärme umgesetzten Kilowattstunden. Stellt man die Summe dieser beiden Verluste abhängig von ΔU dar, so erhält man eine Kurve, die ein Minimum aufweist, d. h. bei einem gewissen Spannungsabfall werden die gesamten Betriebskosten ein Minimum. Man nennt diesen Spannungsabfall den wirtschaftlich günstigsten. Das Minimum der Kurve ist sehr flach, so daß man den Spannungsabfall in gewissen Grenzen variieren darf, ohne daß die Kosten wesentlich von den minimalen Kosten abweichen. Bei den heute geltenden Preisen dürfte das Minimum der Kosten bei 15 bis 20% Spannungsabfall liegen. Die eingehende Untersuchung dieses Problems gehört in das Gebiet der sog. Elektrowirtschaft. Für unsere Zwecke genügt das hier Vorgebrachte.

Leider ist es nicht möglich, diesen wirtschaftlich günstigsten Spannungsabfall stets einzuhalten. Wir betrachten zunächst die Niederspannungsverteilungsnetze für Gleich- und Wechselstrom.

Der Einfachheit halber führen wir unsere Betrachtung an Hand der Abb. 1 durch. Wir nehmen an, in A sei das Kraftwerk oder die Transformatorenstation mit einer Spannung von 220 V, in E sei ein Verbraucher mit einer größeren Zahl von Lampen angeschlossen. Wenn die Lampen eingeschaltet sind, herrscht in E bei einem Abfall von 20% eine Spannung von etwa 180 V. Der Verbraucher müßte also Lampen für 180 V benützen. Soweit ist die Sache in Ordnung. Nun muß aber mit dem Fall gerechnet werden, daß gelegentlich nur eine oder wenige Lampen eingeschaltet sind. Dann steigt die Spannung in E offenbar auf nahezu 220 V, wobei die 180 V Lampen natürlich bald durchbrennen würden. Man erkennt also, daß die Zulassung so großer Spannungsabfälle in Netzen mit Lichtanschluß wegen der Empfindlichkeit der Lampen gegen Spannungsschwankungen nicht möglich ist. Man sagt, Leitungen mit großen Spannungsabfällen besitzen eine geringe Löschbarkeit. Möglich wäre die Zulassung so großer Spannungsabfälle nur dann, wenn man bei jedem Verbraucher einen automatisch wirkenden Widerstandsregler anordnen würde, der bei allen Belastungsschwankungen auf eine konstante Lampenspannung (im vorliegenden Fall auf 180 V) reguliert. Dies ist aber aus praktischen Gründen undurchführbar; zudem wäre die Fabrikation von Glühlampen für alle möglichen Spannungen unwirtschaftlich. Man erkennt also, daß man bei Lichtnetzen gezwungen ist, den Spannungsabfall wesentlich kleiner als den wirtschaftlich günstigsten zu wählen. Die Erfahrung hat gelehrt, daß man 3—4%

nicht wesentlich überschreiten soll. Ähnliche Überlegungen gelten für Netze mit Motoranschlüssen. Wegen der größeren Unempfindlichkeit der Motoren gegen Spannungsschwankungen kann man mit dem Spannungsabfall etwas höher, nämlich auf 6—8% gehen.

Wesentlich anders liegen die Verhältnisse bei den Mittelspannungsnetzen. Zwar werden auch die Leitungen dieser Netze von variablen Strömen durchflossen, so daß auch ihr Spannungsabfall variabel ist. Hier aber kann man den oben angedeuteten Weg gehen; man wählt hier als Spannungsabfalls den wirtschaftlich günstigsten und reguliert in jeder Leitung bzw. in jeder Unterstation die Spannung so, daß die Spannung auf der Niedervoltseite der gespeisten Transformatoren konstant oder nahezu konstant ist. Zu diesem Zweck schaltet man entweder in die einzelnen Leitungen oder in ganze Gruppen von ähnlich belasteten Leitungen einen regulierbaren Zusatztransformator oder man macht die einzelnen Ortsnetztransformatoren anzapfbar, so daß man durch Zu- und Abschalten von Windungen die Spannung auf der Niedervoltseite konstant halten kann. Bei Gleichstromanlagen kann man in den Speiseleitungen Regulierwiderstände oder Zusatzmaschinen anordnen. Bei der Ermittlung des wirtschaftlich günstigsten Spannungsabfalles muß man natürlich die Kosten für die Reguliervorrichtung mit in Rechnung setzen.

Die Berechnung der Leitungen ist bei Zulassung von großen Spannungsabfällen etwas umständlicher als bei kleinen. Zur Berechnung der Leitungen braucht man nämlich die Leiterströme. Nun sind aber die Belastungen meist in Wirk- und Blindkilowatt gegeben. Um die Ströme daraus berechnen zu können, muß man die Spannungen an den einzelnen Belastungspunkten kennen. Diese sind aber nicht bekannt, sondern werden gesucht. Man muß nun so vorgehen, daß man die Spannungen an den einzelnen Belastungspunkten zunächst schätzt und mit diesen geschätzten Werten berechnet man die Ströme und danach die Spannungen in den einzelnen Punkten des Netzes. Diese werden natürlich im allgemeinen nicht mit den geschätzten Werten übereinstimmen. Man muß dann die Rechnung wiederholen, indem man nunmehr die Ströme mit Hilfe der verbesserten Spannungswerte ausrechnet usf., bis man aus der Rechnung dieselben Spannungswerte herausbekommt, die man bei der Ermittlung der Ströme angenommen hat. Im allgemeinen kommt man mit einer ein- bis zweimaligen Wiederholung zum Ziel.

Bei Netzen mit Spannungsabfällen von 3 bis 4% ist dieses Verfahren nicht notwendig. Hier dividiert man die Leistungen durch die vollen Spannungen. Der Fehler, den man hierbei macht, ist höchstens 3 bis 4%, liegt also innerhalb der Genauigkeit der meist geschätzten Belastungen.

Bei den Höchstspannungsleitungen, auch Fernleitungen oder Kuppelleitungen genannt, liegen die Verhältnisse meist so, daß auch in E ein Kraftwerk angeschlossen ist. Wie schon erwähnt, sind die Kraftwerke in A und E gezwungen, im Interesse des von ihnen versorgten Gebietes eine ganz bestimmte Spannung zu halten. Vielfach müssen die Kraftwerke sogar die gleiche Spannung halten. Dann ist eine Energieübertragung natürlich nur möglich durch Zulassung einer gewissen Phasendifferenz δU. Jedenfalls liegen hier die Verhältnisse hinsichtlich der Spannungen beim Erzeuger und Verbraucher anders als bei den Nieder- und Mittelspannungsnetzen. Eine Berechnung der Leitungen nur auf Spannungsabfall ΔU kommt hier seltener in Frage.

c) Die Phasendifferenz δU. Wie eben dargelegt wurde, spielt auch die Phasendifferenz (Querkomponente des Spannungsabfalles) bei der Energieübertragung eine große Rolle. Die von A nach E (Abb. 1) zu übertragende Wirkleistung ist

$$N_{w2} = U_2 J_w \quad \ldots \ldots \ldots \quad (8)$$

Wir setzen J_w aus Gl. (2) ein und erhalten

$$N_{w2} = \frac{U_2}{\omega L} (\delta U + R J_b);$$

nun ist nach Gl. (2) auch

$$\delta U = U_1 \sin \vartheta;$$

substituiert ergibt

$$N_{w2} = \frac{U_2}{\omega L} (U_1 \sin \vartheta + R J_b).$$

Wir nehmen nun den häufig vorkommenden Fall an, daß $U_1 = U_2$ sein soll; dann ist in Gl. (1) ΔU gleich Null und wir erhalten

$$0 = R\, J_w + \omega L\, J_b;$$

oder

$$J_w = -\frac{\omega L}{R} J_b;$$

in Gl. (2) substituiert ergibt

$$J_b = -U \sin\vartheta \frac{R}{(\omega L)^2 + R^2}.$$

Wir substituieren diesen Wert; es ergibt sich dann

$$N_{w2} = \frac{U^2}{\omega L} \frac{\sin\vartheta}{1 + \left(\frac{R}{\omega L}\right)^2} \quad \ldots\ldots\ldots (9)$$

Diese Gleichung sagt aus, daß die übertragbare Leistung nicht nur vom Widerstand R und der Induktanz ωL und dem Quadrat der Übertragungsspannung abhängt, sondern auch dem Sinus des Phasenwinkels ϑ proportional ist. Die maximale übertragbare Leistung erhält man für $\vartheta = 90^0$ zu

$$N_{w2\,m} = \frac{U^2}{\omega L\left(1 + \left(\frac{R}{\omega L}\right)^2\right)} \quad \ldots\ldots\ldots (10)$$

Indes darf man in Wirklichkeit nicht bis zu dieser Grenzleistung gehen; denn bei der geringsten Zunahme der Belastung würde der Winkel von 90⁰ überschritten und das hätte zur Folge, daß die beiden Kraftwerke außer Tritt fallen, wie aus der Theorie parallel arbeitender Maschinen bekannt ist. Man muß also dafür sorgen, daß der Winkel ϑ kleiner als 90^0 bleibt. Wie weit man darunter bleiben muß, hängt davon ab, welche Belastungsstöße im Betrieb zu erwarten sind. Dabei muß man aber bedenken, daß bei plötzlichen Belastungsstößen die Polräder der Maschinen über ihre neue Gleichgewichtslage hinausschwingen und es muß unbedingt vermieden werden, daß sie hierbei den Phasenwinkel von 90^0 erreichen. Die Erfahrung hat gelehrt, daß man einen Winkel ϑ von etwa 42^0 zulassen kann ($\sin 42^0 = 0{,}67$). Da aber nicht nur die Leitung, sondern auch die Generatoren und

Transformatoren am Anfang und Ende der Leitung Induktivität besitzen, entfällt ein großer Teil der Phasendifferenz von 67% auf die induktiven Spannungsabfälle der Generatoren und Transformatoren. Für die Leitung bleiben in der Regel etwa nur 22%, was einem Winkel von 12 bis 15° entspricht. Mit dieser Zahl soll nur die Größenordnung des Winkels ϑ charakterisiert werden. Wenn in den Kraftwerken Schenkelpolläufer vorhanden sind, darf man mit diesem Winkel etwas höher gehen, desgleichen, wenn Dämpferwicklungen vorhanden sind. Dagegen muß man wesentlich unter diesem Winkel bleiben, wenn die Generatoren zur Abgabe von Blindströmen stark untererregt werden müssen. Wir nennen die beim Winkel von $\vartheta = 12$ bis 15° übertragbare Leistung die maximale stabile Leistung.

Aus diesen Überlegungen folgt, daß die Phasendifferenz δU nur dann eine Rolle spielt, wenn ein Parallelbetrieb über lange Leitungen vorliegt. Dies ist der Fall in erster Linie bei Kuppelleitungen großer Kraftwerke. Manchmal arbeiten auch bei Mittelspannungsnetzen mehrere Kraftwerke zusammen. Meist sind hier aber die Induktanzen der Leitungen an sich klein, außerdem handelt es sich bei diesen Leitungsanlagen immer um Übertragungen auf relativ geringe Entfernungen, so daß eine Gefährdung des Parallelbetriebes ziemlich ausgeschlossen ist. Man kann deshalb bei diesen Leitungen die Querkomponente des Spannungsabfalles vernachlässigen. Das gleiche gilt, und zwar in noch stärkerem Maße, für die Niederspannungsleitungen.

Zusammenfassend kann man also sagen:

Die Niederspannungs- und die Mittelspannungsnetze werden in der Regel nur unter Berücksichtigung des Spannungsabfalles ΔU berechnet.

Bei Höchstspannungsleitungen (Kuppelleitungen, Fernleitungen) muß die Untersuchung unter Berücksichtigung der Phasendifferenz δU und des Spannungsunterschiedes ΔU erfolgen.

Danach können wir die Leitungsanlagen hinsichtlich ihrer Berechnung einteilen in Nieder- und Mittelspannungsleitungen und in Fernleitungen.

Zweiter Teil. Niederspannungs- und Mittelspannungsleitungen.

Wie bereits dargelegt wurde, besteht bei diesen Leitungen die Aufgabe der Leitungsberechnung darin, für eine gegebene Belastung den Querschnitt der Leitungen zu ermitteln, wobei der Spannungsabfall ΔU die vorgeschriebenen Grenzen nicht überschreiten, jedoch aber erreichen soll. Meist ist der Gang der Rechnung der, daß man die Querschnitte der Leitungen annimmt und dann kontrolliert, ob die angenommenen Querschnitte den Bedingungen hinsichtlich des Spannungsabfalles genügen.

Der Spannungsabfall ist bestimmt durch die Gl. (1). Hier sind R und L die Konstanten der Leitung, die durch den Querschnitt und durch das Mastbild bestimmt sind. Zur Bestimmung des Spannungsabfalles ist also noch die Kenntnis der in den Leitungen fließenden Ströme notwendig. Diese sind bestimmt durch die von den Verbrauchern abgenommenen Ströme.

Bei den Leitungsanlagen dieser Gruppe unterscheiden wir nun zwei Arten. Zur ersten gehören jene Leitungen, bei welchen die Leiterströme ohne weiteres aus den Abnehmerströmen bestimmt werden können. Diese Leitungen nennen wir offene Leitungen; sie sind dadurch charakterisiert, daß sie nur einen Speisepunkt aufweisen.

Zur zweiten Art gehören jene Leitungen, bei denen zur Ermittlung der Leiterströme umständlichere Rechnungen angestellt werden müssen. Wir nennen diese Leitungen geschlossene Leitungen; für sie ist charakteristisch, daß sie in mehreren Punkten gespeist werden. Hier ist meist die Ermittlung der Leiterströme die schwierigere Aufgabe.

Wir behandeln zunächst die offenen Leitungen.

1. Die offenen Leitungen.

a) Die unverzweigte Leitung. Diese wird im einfachsten Fall dargestellt durch die Abb. 1. Wir betrachten zunächst den Ohmschen Spannungsabfall des Wirkstromes. Der Wirkstrom des Verbrauchers sei ermittelt zu i_w. Da sonst keine Ströme der Leitung entnommen werden, ist der Leitungsstrom J_w gleich dem Verbraucherstrom i_w. Der Ohmsche Spannungsabfall des Wirkstromes ist

$$\Delta U_R = R J_w \quad \text{. . . . . (11)}$$

Wir bezeichnen mit R_0 den Ohmschen Widerstand des Leiters pro 1 km und pro Strang (»Widerstandsbelag« der Leitung). Für einen Leiter mit l km Länge ist dann der Widerstand

$$R = R_0 l \quad \text{. . . . . (12)}$$

Bezeichnen wir den reziproken Wert dieses Widerstandes, also den Leitwert mit g_0, so ist

$$R_0 = \frac{1}{g_0};$$

dann geht Gl. (12) über in

$$R = \frac{l}{g_0} \quad \text{. . . . . (13)}$$

und Gl. (11) in

$$\Delta U_R = \frac{l}{g_0} J_w \quad \text{. . . . . (14)}$$

Dies wollen wir konstruieren. Wir machen in Abb. 3 die Strecken $OA = g_0$; $AE = l$; dann ist

$$\operatorname{tg} \alpha = \frac{l}{g_0} = R_0 l = R;$$

ferner machen wir $AA' = J_w$, errichten in A' die Senkrechte und machen Aa' parallel zu OE; dann ist nach Gl. (14)

$$A'a' = A\,a = \Delta U_R.$$

Damit haben wir für eine Leitung mit gegebenem Widerstand R_0, gegebener Leiterlänge l und gegebenem Strom J_w den Spannungsabfall ΔU_R gefunden.

Ist der Leiterwiderstand bzw. der Querschnitt der Leitung nicht gegeben, sondern der zulässige Spannungsabfall ΔU_R und soll der Querschnitt gefunden werden, dann geht man so vor. Man macht AA' gleich J_w wie vorher und errichtet in A' die Senkrechte; auf dieser trägt man das bekannte ΔU_R auf und verbindet a' mit A. Dann macht man AE gleich l, zieht durch E die Parallele zu Aa' und findet den Punkt O. Die Strecke OA stellt dann den kilometrischen Leitwert dar, den die Leitung erhalten muß. Aus den Angaben im Anhang kann man den zu g_0 gehörigen Querschnitt ablesen.

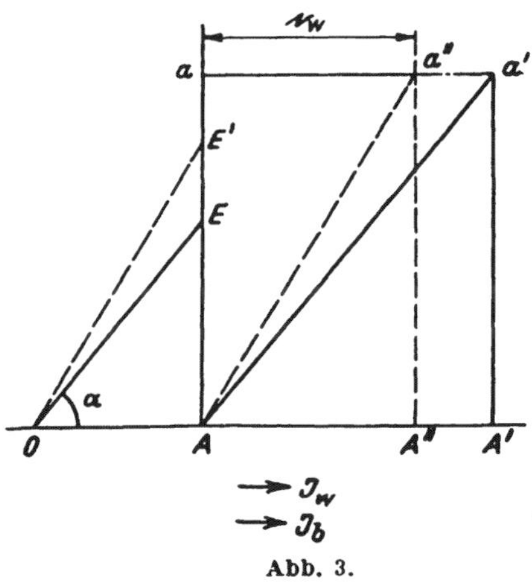

Abb. 3.

Abb. 3 ist nichts anderes als die Darstellung des Ohmschen Gesetzes. Handelt es sich um eine Gleichstromleitung, so ist die Aufgabe gelöst.

Für eine Wechselstromleitung haben wir noch den induktiven Spannungsabfall ΔU_L des Blindstroms zu ermitteln. Es ist

$$\Delta U_L = \omega L J_b \quad \text{. . . . . (15)}$$

Wir bezeichnen mit ωL_0 die Reaktanz des Leitungsstranges pro 1 km Länge (»Reaktanzbelag« der Leitung) und mit b_0

$$b_0 = \frac{1}{\omega L_0}$$

den reziproken Wert, also die Suszeptanz der Leitung pro 1 km Länge und erhalten dann die Gleichung

$$\Delta U_L = \frac{l}{b_0} J_b \quad \text{. . . . . (16)}$$

Diese ist ebenso gebaut wie die Gl. (14), die Ermittlung des induktiven Spannungsabfalles erfolgt also in analoger Weise wie vorher. Wir können sogar dieselbe Abb. 3 zur Ermittlung von ΔU_L benützen. Wir bestimmen den Maßstab von OA so, daß diese Strecke den Wert b_0 darstellt; AE ist gleich der Länge l des Stranges im gleichen Maßstab wie vorher. Den Maßstab von AA' bestimmen wir so, daß diese Strecke den Blindstrom J_b darstellt, errichten in A' die Senkrechte und machen Aa' parallel zu OE; dann ist

$$A'a' = A\,a = \Delta\,U_L \quad \ldots\ldots\ldots \quad (17)$$

Wir addieren die beiden gefundenen Spannungsabfälle gemäß Gl. (1) algebraisch und erhalten den gesamten Spannungsabfall ΔU. Nun hat man noch zu kontrollieren, ob er innerhalb der zugelassenen Grenzen liegt.

Man erkennt, daß die Auffindung des Querschnittes einer Leitung aus dem gegebenen Spannungsabfall eigentlich nur für Gleichstrom möglich ist und bei Wechselstromleitungen nur dann, wenn der induktive Spannungsabfall vernachlässigt werden darf. Darf dieser nicht vernachlässigt werden, dann müßte man sich erst klar darüber werden, wie groß man ΔU_R und ΔU_L für sich machen will, ohne die gegebenen Grenzen zu überschreiten. Dann erst könnte man mit Hilfe der zuerst durchgeführten Rechnung den Querschnitt finden. Der induktive Spannungsabfall ist eben nicht allein vom Querschnitt der Leitung abhängig, sondern auch vom Abstand der Leiter und ihrer Anordnung auf dem Mast. Man geht deshalb bei der Berechnung der Wechselstromleitungen, falls der induktive Spannungsabfall berücksichtigt werden muß, stets so vor, daß man den Querschnitt und das Mastbild annimmt und durch die Rechnung kontrolliert, ob der zugelassene Spannungsabfall eingehalten ist.

Es soll nun noch gezeigt werden, wie man die Maßstäbe des Diagrammes wählt bzw. bestimmt. In den Gleichungen für den Spannungsabfall kommen vier Größen vor; für drei dieser Größen können wir die Maßstäbe beliebig wählen. Der Maßstab der vierten Größe ist dann durch die Maßstabsgleichung entsprechend Gl. (14) bzw. Gl. (16) bestimmt.

Wir machen beispielsweise

$$1 \text{ Volt} = \mu_U \text{ mm};$$
$$1 \text{ Ampere} = \mu_J \text{ mm};$$
$$1 \text{ km} = \mu_l \text{ mm};$$

dann ist 1 Siemens pro 1 km (g_0 bzw. b_0) gegeben durch

$$\mu_g = \frac{\mu_l \mu_J}{\mu_U} \quad \ldots\ldots\ldots\ldots \quad (18)$$

In Gl. (16) wird stets b_0 gegeben sein und man muß ΔU_L suchen; man hat dann

$$\mu_L = \frac{\mu_l \mu_J}{\mu_b} \quad \ldots\ldots\ldots\ldots \quad (19)$$

Hieran wollen wir noch eine Betrachtung knüpfen, die für spätere Rechnungen sehr wichtig ist.

Wir nehmen an, an die Leitung AE schließe sich in E noch ein unbelastetes Stück Leitung EE' an mit dem gleichen Querschnitt und der gleichen kilometrischen Induktanz und stellen nun die Frage:

Wie groß dürfte ein in E' abgenommener Strom i_w sein, wenn er von A bis E' den gleichen Spannungsabfall hervorrufen soll, den der Strom J_w an der Stelle E erzeugt, also ΔU_R Volt?

Um diesen Strom zu ermitteln, machen wir im Diagramm der Abb. 3 die Strecke AE' gleich der Länge der Leitung von A bis E'. Dann ziehen wir durch A die Parallele zu OE' und erhalten den Schnittpunkt a''. Offenbar ist dann aa'' der gesuchte Strom i_w. Wir nennen i_w den von E nach E' verworfenen Strom. Da ja beide Ströme den gleichen Spannungsabfall haben, ist es gleichgültig, ob man mit dem einen oder andern Strom rechnet, solange es nur auf den Spannungsabfall ankommt. Von diesem »Verwerfen« von Strömen werden wir später noch viel Gebrauch machen. Natürlich kann man auch den Blindstrom i_b »spannungsabfallsgetreu« verwerfen.

Freilich kann man so einfache Leitungen wie die eben behandelte auch rechnerisch ebenso rasch behandeln wie auf graphischem Weg. Es sollte nur an diesem einfachen Beispiel das Prinzip der graphischen Methode erklärt werden.

Wir gehen nun zur mehrfach belasteten Leitung über. Die in Abb. 4a dargestellte Leitung sei in den Punkten a, b und c belastet. Es wird angenommen, daß längs der ganzen Leitung der gleiche Querschnitt und das gleiche Mastbild vorhanden ist. Im übrigen würde es keine Schwierigkeit bedeuten, wenn man diese Annahme fallen ließe; sie ist jedoch durch die Praxis gerechtfertigt.

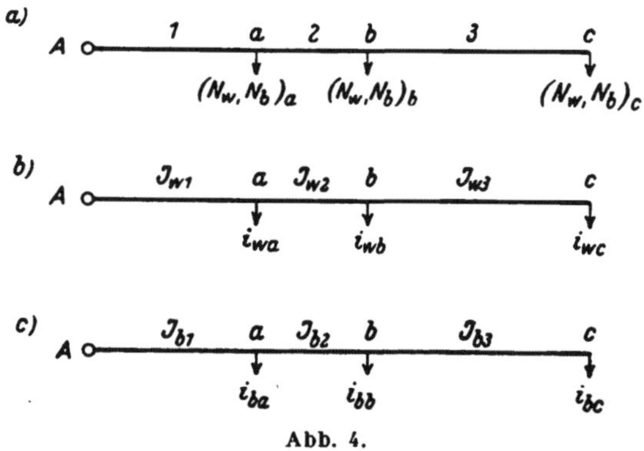

Abb. 4.

Man berechnet nun die Wirk- und Blindströme an den einzelnen Abnahmestellen und stellt sie in gesonderten Abbildungen (4b und 4c) dar. Wie bereits erwähnt, sollen die Abnahmeströme mit $i\ldots$ und die Leitungsströme mit $J\ldots$ bezeichnet werden.

Um den Spannungsabfall bei angenommenem Querschnitt (oder umgekehrt) berechnen zu können, brauchen wir die Leiterströme. Diese können wir sofort angeben. Im Leitungsstrang 1 fließt offenbar der Strom

$$J_{w1} = i_{wa} + i_{wb} + i_{wc};$$

im Leiter 2

$$J_{w2} = i_{wb} + i_{wc};$$

im Leiter 3

$$J_{w3} = i_{wc}.$$

Es fließt also in jedem Leiterstrang die Summe aller rechts liegenden Abnahmeströme; alle Leiterströme kommen natürlich von links, d. h. von der Speisestelle A.

In gleicher Weise erhalten wir für die Blindströme

$$J_{b1} = i_{ba} + i_{bb} + i_{bc};$$

$$J_{b2} = i_{bb} + i_{bc};$$

$$J_{b3} = i_{bc}.$$

Nunmehr können wir für diese Leitung das Diagramm entwerfen, und zwar getrennt für die Wirkströme und Blindströme. Wir machen in Abb. 5 wieder OA gleich g_0 und tragen von A aus auf der Ordinatenachse die Längen l_1, l_2 und l_3 auf, deren Endpunkte mit O verbunden werden und erhalten so die den Leitungen entsprechenden Geraden *1*, *2* und *3*. Nun machen wir die Strecke AA' gleich J_{w1}, errichten in A' die Senkrechte und machen Aa' parallel zur Geraden *1*. Dann ist $A'a'$ der Spannungsabfall vom Speisepunkt A bis zur Abnahmestelle a. In gleicher Weise finden wir den Spannungsabfall für die Leitung *2*, d. h. von a bis b. Dieser Spannungsabfall muß zu dem der Leitung *1* addiert werden, um den gesamten Spannungsabfall im Punkt b zu erhalten. Wir zeichnen nun für die Leitung *2* kein eigenes Diagramm, sondern ordnen es über dem Leiterrechteck der Leitung *1* an. Dann stellt die Strecke von A bis b den Spannungsabfall im Punkt b dar. In gleicher Weise verfahren wir mit der Leitung *3*; dann ist der Spannungsabfall im Punkt c durch die Strecke von A bis c dargestellt.

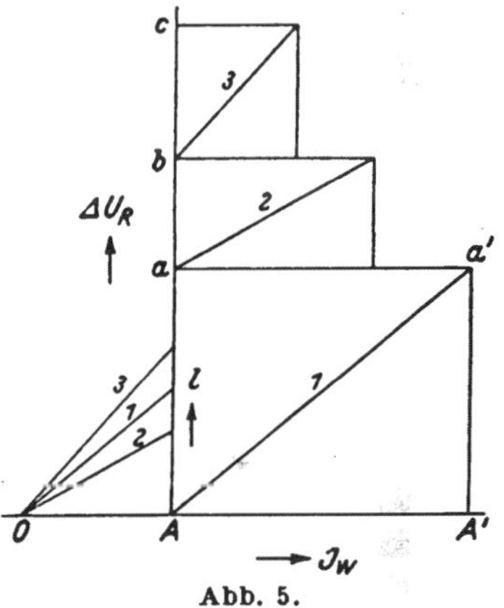

Abb. 5.

Die numerischen Werte finden wir so: Wir wählen für J_w und für l die Maßstäbe; dagegen lassen wir die Maßstäbe für die Spannung und für g_0 offen, trachten aber danach, eine gute Figur zu erhalten. Ist nun der Querschnitt gesucht, dann muß der gesamte, d. h. der größte Spannungsabfall ΔU_R gegeben sein und dieser kann nur im Punkt c

herrschen. Wir sagen dann, die Strecke Ac muß gleich ΔU_R sein und stellen nachträglich den Maßstab von ΔU_R, also μ_U fest. Dann haben wir drei Maßstäbe und können daraus den Maßstab für g_0 und damit den Querschnitt finden. Ist dagegen der Querschnitt gegeben oder angenommen und ist der Spannungsabfall zu ermitteln, und das dürfte besonders bei Wechselstromleitungen die Regel sein, dann wählen wir von Anfang an den Maßstab für g_0 und bestimmen schließlich den Maßstab von ΔU_R.

Für den induktiven Spannungsabfall des Blindstromes erhalten wir ein ganz ähnliches Diagramm, eine Wiederholung des Aufbaues des Diagrammes erscheint nicht notwendig. Daß wir diesmal nicht das gleiche Diagramm benutzen können, ist klar; denn die Blindströme können beliebig groß sein. Nur wenn die Blindströme bei allen Abnehmern im gleichen Verhältnis zu den Wirkströmen stünden, könnten wir das gleiche Diagramm benützen.

Durch algebraische Addition der so gefundenen Spannungsabfälle für Wirk- und Blindströme erhalten wir den gesamten Spannungsabfall ΔU.

Es soll nun noch eine andere Lösungsmethode für diese Leitung angegeben werden, die uns später gute Dienste tun wird und außerdem gestattet, für Wirk- und Blindströme nur ein einziges Diagramm zu entwerfen.

Bei einer in mehreren Punkten belasteten offenen Leitung ist der Ort des größten Spannungsabfalles stets das Ende der Leitung. Wenn wir dafür sorgen, daß dieser Spannungsabfall das zulässige Maß nicht überschreitet, dann liegen natürlich auch die Spannungsabfälle in den anderen Punkten der Leitung innerhalb der zulässigen Grenzen. Es ist deshalb naheliegend, daß man sich nur um den größten Spannungsabfall sorgt. Wäre die Leitung nur im Punkt c belastet und sonst an keiner Stelle, so würde für sie das Diagramm der Abb. 6a und b gelten. Alle drei Leitungen *1*, *2* und *3* sind vom gleichen Strom durchflossen, deshalb sind sie auf der gleichen Basis AA' aufgebaut und übereinander sind sie angeordnet, weil sich ihre Spannungsabfälle addieren. Es handelt sich nun darum, die Leitung der Abb. 4 zu einer wirklich nur am Ende belasteten zu machen und dies gelingt durch Verwerfen der Ströme auf das Leitungsende c. Hierzu können wir das Diagramm der Abb. 6a selbst benützen.

In diesem Diagramm sollen vorerst nur die Maßstäbe für g_0 und l festgelegt sein, während die Maßstäbe für den Strom und die Spannung noch offen sind. Im Diagramm ist eine gestrichelte Gerade E_{13} eingezeichnet, die durch die Punkte A und c' geht. Wir können sagen, die Gerade E_{13} stellt einen Leiter dar, an dessen Ende derselbe Spannungsabfall herrscht wie im Punkt c der wahren Leitung, wenn der Leiter E_{13} und

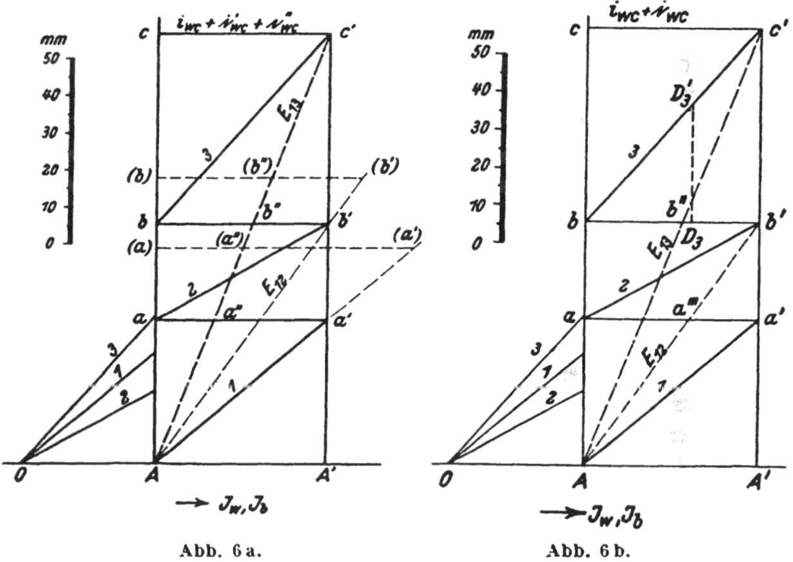

Abb. 6a.

Abb. 6b.

die wahre Leitung am Ende mit demselben Strom belastet sind. Wir nennen deshalb E_{13} den Ersatzleiter für die wahren Leitungen *1*, *2* und *3*.

Nun möge die Strecke aa' den Abnahmestrom i_{wa} darstellen; dann ist nach Früherem die Strecke aa'' der nach c verworfene Strom i'_{wc}. Diesen lesen wir in dem für aa' geltenden Maßstab ab und schreiben ihn oben an.

Nun möge die Strecke bb' den Strom i_{wb} darstellen; dann ist im gleichen Maßstab gemessen die Strecke bb'' der von b nach c verworfene Strom i''_{wc}.

In c greift also jetzt der »fiktive« Strom

$$j_{wc} = i_{wc} + i_{wc}' + i_{wc}'' = i_{wc} + i_{wc}$$

an und dieser ruft in c denselben Spannungsabfall hervor, der herrschen würde, wenn alle Ströme an ihren natürlichen Stellen angreifen würden.

Wir haben das Diagramm bis jetzt sozusagen als Rechenschieber benützt, um die verworfenen Ströme zu finden. Nunmehr suchen wir den Spannungsabfall in c. Die Strecke AA' gleich cc' stelle nun den Strom j_{wc} dar; danach ergibt sich der Maßstab μ_J. Nun sind drei Maßstäbe des Diagrammes bekannt und es kann der Maßstab für ΔU_R angegeben werden und damit ist der Spannungsabfall in c gleich der Strecke Ac bekannt.

Wir kehren nochmals zurück zur Methode des Verwerfens von Strömen. Es wird nämlich manchmal der Maßstab der Figur zur Ermittlung der verworfenen Ströme ungünstig sein. Hier ist aber leicht abzuhelfen. Wir verlängern beispielsweise die Strecke, welche die Leitung *1* darstellt, über a' hinaus und ziehen die Parallele (a) (a') zur Abszissenachse. Es ist klar, daß die Ersatzleitung E diese Parallele im gleichen Verhältnis teilt, wie die Gerade aa'. Man braucht also die Parallele nur so zu wählen, daß sie einen günstigen Maßstab für den zu verwerfenden Strom bietet. Praktisch macht man die Sache am besten so, daß man einen an der Kante mit mm-Teilung versehenen Rechenschieber mit Hilfe der Reißschiene parallel verschiebt, wobei der Nullpunkt auf der Ordinatenachse gleiten soll. Hat man dann in irgendeiner Lage des Rechenschiebers bei (a') eine für den betreffenden Strom passende Zahl gefunden, so kann man den verworfenen Strom sofort am Rechenschieber ablesen. In der Abb. 6a ist dieser Vorgang auch für die Verwerfung des Stromes i_{wb} dargestellt. Man muß hierbei die Ersatzleitung E_{12} benutzen.

Das gleiche Diagramm können wir nun ohne weiteres auch zur Auffindung des induktiven Spannungsabfalles des Blindstromes benützen. Der Vorgang ist der gleiche, wie er eben für den Ohmschen Spannungsabfall des Wirkstromes geschildert wurde. Die beiden Spannungsabfälle werden dann addiert und damit ist die Aufgabe gelöst, wenn der resultierende Spannungsabfall innerhalb der zugelassenen Grenzen liegt.

Manchmal werden wir beim Verwerfen der Ströme anders vorgehen (Abb. 6b). Man kann nämlich zunächst auch den Strom i_{wa} nach b verwerfen. Da die gestrichelte Gerade, die durch A und b' geht, die Ersatzleistung E_{12} für die Reihenschaltung der beiden Leiter 1 und 2 darstellt, ist offenbar die Strecke aa''' gleich dem verworfenen Strom $\mathfrak{i}_{wb}$ bzw. $\mathfrak{i}_{bb}$, wenn die Strecke aa' den Strom i_{wa} bzw. i_{ba} darstellt.

In b ist dann der Strom vorhanden

$$j_{wb} = i_{wb} + \mathfrak{i}_{wb} \text{ bzw. } j_{bb} = i_{bb} + \mathfrak{i}_{bb}.$$

Diesen Strom verwerfen wir dann nach c. Die Strecke bb' möge nämlich den Strom j_{wb} bzw. j_{bb} darstellen, dann ist der gesamte nach c verworfene Strom $\mathfrak{i}_{wc}$ durch die Strecke bb'' gegeben. Es muß sich natürlich bei dieser stufenweisen Verwerfung das gleiche Resultat ergeben wie vorher. Bei verwickelteren Leitungsgebilden ist man meist gezwungen, das zuletzt vorgeführte Verfahren anzuwenden.

Es ist wichtig zu erkennen, daß wir nunmehr den größten Spannungsabfall ermittelt haben, ohne die Leiterströme zu Hilfe zu nehmen, also nur mit Hilfe der Abnahmeströme.

Will man auch die Spannungsabfälle in a und b kennen, dann geht man so vor, wie dies jetzt für die Wirkströme gezeigt wird.

Wir brauchen hierzu die Leiterströme; obwohl wir diese im vorliegenden Fall leicht angeben könnten, wollen wir sie doch auf einem etwas komplizierterem Wege an Hand des Diagrammes aufsuchen, da uns später dieser Weg große Dienste leisten wird.

Wir bestimmen zunächst den Strom im Leiter 3. Zu diesem Zwecke subtrahieren wir vom Strom j_{wc} alle verworfenen Ströme $\mathfrak{i}_{wc}$ und erhalten

$$J_{w3} = j_{wc} - \mathfrak{i}_{wc} = i_{wc}.$$

Den Spannungsabfall, den dieser Strom im Leiter 3 hervorruft, finden wir leicht auf folgende Weise. Die Abszissenachse ist vorher bei der Ermittlung von ΔU_R bereits in Ampere geeicht worden, ebenso die Ordinatenachse in Volt. Wir machen nun die Strecke bD_3 im Strommaßstab gleich J_{w3} und lesen den zugehörigen Spannungsabfall D_3D_3' ab. Diesen subtrahieren wir von ΔU_R und erhalten damit den Spannungsabfall von A bis b.

Nun bestimmen wir den Strom im Leiter *2*. Bei der zweiten Methode der Stromverwerfung haben wir den Strom in b zu j_{wb} gefunden. Von diesem subtrahieren wir den von a her verworfenen Strom; außerdem fließt aber durch den Leiter *2* noch der in b abgehende Strom J_{w3}, also erhalten wir

$$J_{w2} = j_{wb} - i_{wb} + J_{w3} = i_{wb} + i_{wc}.$$

Den Spannungsabfall im Leiter *2* finden wir in gleicher Weise wie vorher. Wir machen eine Strecke aD_2 im Strommaßstab gleich J_{w2}, errichten in D_2 die Senkrechte bis zum Schnitt mit der Leitungsgeraden *2* und erhalten im Spannungsmaßstab den Spannungsabfall im Leiter *2*. Diesen subtrahieren wir vom Spannungsabfall im Punkt b und finden so den Spannungsabfall im Punkt a. (Diese Konstruktion ist in der Abbildung nicht mehr gezeichnet.)

In gleicher Weise verfahren wir mit den Blindströmen. Am besten ist es, die so erhaltenen Spannungsabfälle in die Abb. 4b und 4c einzutragen.

Wer sich in diese Methode der Leitungsberechnung einarbeiten will, dem kann nicht dringend genug empfohlen werden, das hier über die in mehreren Punkten belastete Leitung vorgebrachte eingehend durchzuarbeiten. Dann wird die Berechnung von Netzen nach dieser Methode keinerlei Schwierigkeiten mehr bieten. Durch das folgende Zahlenbeispiel soll das Eindringen in die Methode erleichtert werden.

b) Beispiel *1*. Wir wählen für das Zahlenbeispiel eine Gleichstromniederspannungsleitung, um mit kleineren Zahlen rechnen zu können.

Ströme: $i_a = 45$ A; $i_b = 36$ A; $i_c = 55$ A.
Einfache Längen: $l_1 = 0{,}075$ km; $l_2 = 0{,}05$ km; $l_3 = 0{,}1$ km; der Querschnitt sei 70 qmm.

Die Abb. 6a und 6b wurden so gewählt, daß sie für dieses Beispiel passen.

Nach Abb. 6a ist:

$aa' = 45$ A; $aa'' = i_c' = 15$ A; $bb' = 36$ A; $bb'' = i_c'' = 20$ A;

also $$j_c = 55 + 15 + 20 = 90 \text{ A},$$

wobei
$$i_c = i_c' + i_c'' = 35 \text{ A}.$$

Nach Abb. 6b erhalten wir:

$aa' = 45$ A; $aa''' = i_b = 27$ A; also $j_b = 36 + 27 = 63$ A;
$bb' = 63$ A; $bb'' = 35 \text{ A} = i_c$; also $j_c = 35 + 55 = 90$ A
wie vorher.

Nun sind die Leiterströme zu bestimmen. Es ist

$$J_3 = j_c - i_c = 90 - 35 = 55 \text{ A};$$
$$J_2 = j_b - i_b + J_3 = 63 - 27 + 55 = 91 \text{ A};$$
$$J_1 = 45 + 91 = 136 \text{ A}.$$

Nun ist der Spannungsabfall zu ermitteln. Wir stellen zunächst die Maßstäbe fest.

Die Strecke AA' hat den Strom $j_c = 90$ A dargestellt und wurde in der Originalfigur zu 45 mm gewählt. Durch die Reproduktion wurde die Abbildung verkleinert; um den Maßstab nicht zu verlieren, wurde auch dieser mit verkleinert. Es ist also

$$1 \text{ A} = 0{,}5 \text{ mm};$$

ferner zeigt die Abbildung folgende Maßstäbe

$$1 \text{ km} = 400 \text{ mm};$$

$$1 \text{ S/km} = \frac{35}{4} \text{ mm}.$$

Also ist der Maßstab für 1 V

$$1 \text{ V} = \frac{400 \cdot 0{,}5 \cdot 4}{35} = \frac{800}{35} \text{ mm}.$$

Nun ist ΔU nach Abbildung

$$\Delta U = Ac = 116 \text{ mm};$$

das sind also

$$\frac{116 \cdot 35}{800} = 5{,}07 \text{ V};$$

Dies ist der Spannungsabfall für den einfachen Strang; für Hin- und Rückleitung ergeben sich also 10,14 V Spannungsabfall.

Die Strecke D_3D_3' stellt im Spannungsmaßstab 1,375 V dar; also ist der Spannungsabfall bis zum Punkt *b* gleich 10,14—2,75 = 7,39 V. Für den Punkt *a* erhält man in ähnlicher Weise 5,5 V.

c) Die verzweigte Leitung. In Abb. 7a ist eine verzweigte Leitung dargestellt. Der Hauptstrang von *A* bis *c* sei mit einem einheitlichen Querschnitt durchgeführt; an den Stellen *a* und *b* zweigen einige Leitungen ab, die in einem oder in mehreren Punkten belastet sein können. Die Zweigstränge sind gewöhnlich mit einem kleineren Querschnitt versehen.

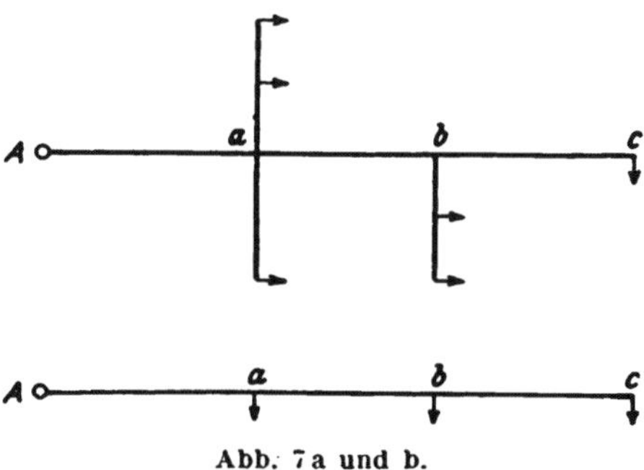

Abb. 7a und b.

Während bisher der größte Spannungsabfall ΔU nur am Ende auftreten konnte, sind hier eine Reihe von Enden vorhanden, wo überall der maximale Spannungsabfall herrschen darf und soll, nämlich in *c* und in allen Endpunkten der Zweigleitungen.

Die Berechnung dieser verzweigten Leitung kann auf die unverzweigte in mehreren Punkten belastete Leitung zurückgeführt werden. Wir zeichnen zu diesem Zweck den Hauptstrang nochmals auf (Abb. 7b), lassen jetzt aber die Abzweige weg und tragen in den Punkten *a* und *b* nur mehr die dort in die Zweige abgehenden Ströme ein. Diese Leitung können wir nun nach den Regeln der unverzweigten Leitung berechnen und finden damit auch die Spannungen in den Punkten *a* und *b*.

Nun können wir auch die Zweigleitungen berechnen; denn die Spannungen in den Punkten *a* und *b* sind bekannt, ebenso die Spannungen an den Endpunkten der Zweigleitungen, also können wir ihren Querschnitt berechnen, und zwar wieder nach den Regeln der unverzweigten, in einem oder in mehreren Punkten belasteten Leitung.

Die verzweigten Leitungen stellen also nur eine Kombination von unverzweigten Leitungen dar.

Man kann für die verzweigten Leitungen auch ein Diagramm entwerfen, in dem alle Leitungen eingetragen sind. Doch soll hierauf nicht näher eingegangen werden. Manchmal will man den Hauptstrang nicht mit einem durchgehenden Querschnitt ausführen, sondern den Querschnitt an den Abzweigungen verjüngen. Dies kann nach verschiedenen Gesichtspunkten geschehen. Praktisch spielen aber diese Fälle keine große Rolle, besonders nicht für Hochspannungsleitungen, darum soll auch deren Diagramm nicht gebracht werden.

2. Die geschlossenen Leitungen.

a) Die unverzweigte, in mehreren Punkten belastete Leitung.

Den Fall der nur in einem Punkt belasteten Leitung können

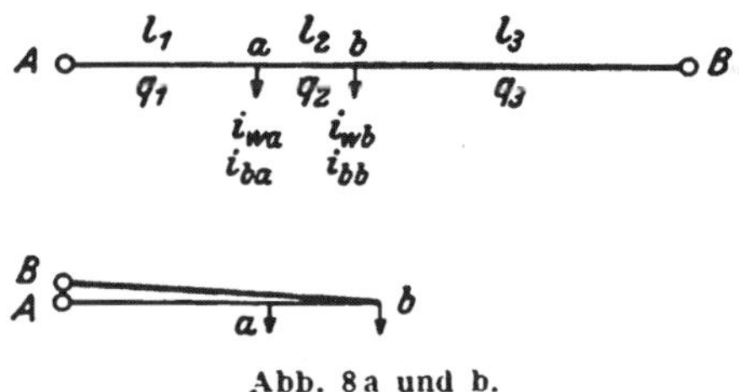

Abb. 8a und b.

wir hier übergehen. Wie aus Abb. 8a zu ersehen ist, unterscheidet sich die geschlossene Leitung von der offenen dadurch, daß sie in zwei Punkten, in A und B gespeist wird. Herrschen in A und B die gleichen Spannungen nach Größe und Phase, dann kann man die beiden Punkte zusammenlegen und es entsteht ein Leitungsring, daher die Bezeichnung »geschlossene« Leitung.

Wir nehmen an, daß die Verbraucherströme aus den gegebenen Belastungen gefunden sind und führen die Berechnungen wieder getrennt für die Wirk- und Blindströme durch.

Wie bisher müssen wir jetzt wieder die Ströme in den Leitern ermitteln und können dann den Spannungsabfall oder Querschnitt suchen. Während nun aber bei den offenen Leitungen die Leiterströme durch eine einfache Addition der Verbraucherströme gefunden wurden, ist dies bei den geschlossenen Leitungen nicht mehr möglich. Wir können zunächst nur sagen, daß sowohl von A als auch von B her Ströme in die Leitung fließen müssen, und zwar so viel, daß ihre Summe gleich den Verbraucherströmen wird. Aber welcher Teil dieser Summe von A oder B herkommt, ist nicht bekannt.

Nun haben wir aber gerade im Diagramm der Abb. 6 eine Methode kennen gelernt, die uns gestattet, die Stromverteilung durch Verwerfen der Ströme zu finden. Dies soll nun auch hier versucht werden, und zwar beschränken wir uns auf die Wirkströme. Es wird sich zeigen, daß bei den geschlossenen Leitungen die graphische Methode sehr große Vorteile bietet.

Wir setzen voraus, daß in A und B die gleiche Spannung nach Größe und Phase herrscht. Wir können dann die Punkte A und B aufeinander legen, wobei wir uns die Leitung in b geknickt denken (Abb. 8b). Für diese Leitung ergibt sich das in Abb. 9 dargestellte Diagramm. Da die Leiter *1* und *2* in Reihe geschaltet sind, sind sie im Diagramm übereinander angeordnet, wie wir es von der in mehreren Punkten belasteten offenen Leitung her kennen; ihre Ersatzleitung ist E_{12}. Wie Abb. 8b zeigt, ist die Leitung *3* zum Ersatzleiter parallel geschaltet, d. h. der Leiter *3* muß denselben Spannungsabfall aufweisen wie der Ersatzleiter E_{12}. Also muß das zum Leiter *3* gehörige Rechteck[1]) die gleiche Höhe haben wie die beiden übereinander angeordneten Rechtecke der Leiter *1* und *2*. Wir zeichnen das Leiterrechteck *3* neben die beiden andern mit gleicher Höhe. Wenn die Strecke AB' den gesamten Strom darstellen würde, könnte man sofort ablesen, welcher Strom auf den Leiter *3* entfällt; dieser wird nämlich dann durch die Strecke BB' dargestellt. Man sieht also, daß man parallelgeschaltete Leiter nebeneinander zeichnen

[1]) Zur Abwechslung wurde angenommen, daß der Leiter 3 einen anderen Querschnitt habe wie die Leiter *1* und *2*.

muß, und zwar so, daß sie gleiche Höhen aufweisen. Früher haben wir erkannt, daß in Reihe geschaltete Leiter übereinander angeordnet werden müssen, und zwar so, daß sie die gleiche Basis haben.

Wir verwerfen nun den Strom i_{wa} nach b und erhalten in bekannter Weise den verworfenen Strom i_{wb} (gleich der Strecke aa'', wenn aa' gleich i_{wa} gesetzt wird). Im Punkt b haben wir demnach die Ströme

$$j_{wb} = i_{wb} + \mathrm{i}_{wb}.$$

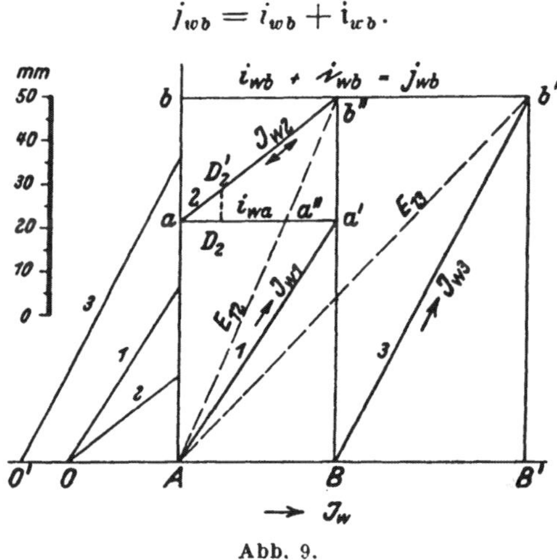

Abb. 9.

Dieser fiktive Strom muß von A und B her zur Stelle b zugeführt werden.

Wir sagen nun, die Strecke AB' sei gleich diesem fiktiven Strom j_{wb} und können nunmehr den Maßstab für den Spannungsabfall bestimmen, da die Maßstäbe für g_0 und l bereits gewählt sind. Damit ist der Spannungsabfall im Punkt b bekannt.

Wir wollen nunmehr auch den Spannungsabfall im Punkt a wissen. Um diesen zu finden, gehen wir in gleicher Weise vor wie bei der offenen Leitung, d. h. wir bestimmen zunächst den Strom im Leiter 2.

Zu diesem Zweck setzen wir die Strecke AB' gleich dem gesamten zu liefernden Strom j_{wb}. Dieser Strom zerfällt offenbar in zwei Teile.

Der eine Teil, dargestellt durch die Strecke BB' (Breite des Rechteckes *3*), fließt im Leiter *3* von B nach b; es ist also

$$BB' = J_{w3} = J_{wB}.$$

Da dieser Strom von dem Speisepunkt B her kommt, nennen wir ihn auch »Speisepunkts-Strom« J_{wB}. Wir sagen auch von ihm, er sei ein »wahrer« Strom, weil er in einem »wahren« Leiter und nicht in einem fiktiven Leiter fließt. Dieser wahre Strom wird an den Leiter *3* angeschrieben und mit einem Pfeil von unten nach oben versehen, weil er positiv ist. Dies muß noch näher erklärt werden. Man sieht aus der Abb. 8a, daß die Leiter *1* und *3* von Speisepunkten herkommen; die beiden Rechtecke dieser Leiter sitzen deshalb auf der Abszissenachse auf. Wenn ein Strom von einem Speisepunkt herkommt, muß er deshalb mit einem Pfeil von unten nach oben versehen werden. Solche Ströme müssen immer positiv sein.

Der andere Teil des Stromes, dargestellt durch die Strecke AB (Breite der Rechtecke *1* und *2*) fließt durch den Ersatzleiter E_{12} von A nach b; es ist also

$$AB = J_{w12};$$

dieser Strom ist kein wahrer Strom. Um nun den Strom im Leiter *2* zu finden, subtrahieren wir, wie wir es bei der offenen Leitung getan haben, vom Strom J_{w12} den nach b verworfenen Strom i_{wb}; es ist also

$$J_{w2} = J_{w12} - i_{wb}.$$

Der Leiterstrom J_{w2} kann nun positiv oder negativ sein, je nachdem J_{w12} größer oder kleiner als i_{wb} ist. Ist J_{w2} positiv, so müssen wir den zu diesem Strom gehörigen Pfeil wieder von unten nach oben eintragen. Das heißt, daß auch durch den Leiter *2* ein Strom vom Speisepunkt A herkommend nach b fließt. In diesem Falle wird also der in b abgenommene Verbraucherstrom zum Teil vom Speisepunkt B, zum Teil vom Speisepunkt A geliefert. Dies ist physikalisch nur möglich, wenn b der Punkt mit dem größten Spannungsabfall ist. Ist J_{w2} negativ, so zeigt der Pfeil von oben nach unten. Das heißt dann, daß der von B herkommende Strom J_{w3} nicht nur den in b abgenommenen Strom i_{wb} speist, sondern es fließt noch ein Teil des Speisepunktstromes nach a über den Leiter *2*. Offenbar ist dann die Spannung im Punkt a am niedrigsten. Den Spannungsabfall im Punkt b finden wir in bekannter Weise.

Die Spannung im Punkt a finden wir nun, indem wir auf der Geraden aa' die Strecke aD_2 gleich J_{w2} machen, in D_2 die Senkrechte bis zum Schnitt D_2' mit der Geraden *2* errichten. Die Strecke $D_2 D_2'$ stellt dann im Spannungsmaßstab den Spannungsabfall im Leiter *2* dar. Ist J_{w2} positiv, dann subtrahieren wir $D_2 D_2'$ vom Spannungsabfall in b, im andern Fall haben wir zu addieren, um den Spannungsabfall in a zu erhalten.

Das gleiche Verfahren wenden wir für die Blindströme an und superponieren schließlich die gefundenen Spannungsabfälle und damit ist die Aufgabe gelöst.

Im Diagramm ist noch die Ersatzleistung E_{13} gezeichnet. Diese ersetzt das ganze Leitungsgebilde. Ihren Widerstand können wir leicht bestimmen, es ist nur durch O die Parallele hierzu zu zeichnen und es ergibt sich sofort die Länge dieser Leitung. Natürlich kann man auch durch O' die Parallele zeichnen, es muß sich der gleiche Widerstand ergeben. Wir können uns nun vorstellen, daß der fiktive Strom j_{wb} an diesem Ersatzleiter angreift, die ganze Aufgabe ist also auf die einfache offene nur am Ende belastete Leitung zurückgeführt.

Es soll im folgenden noch gezeigt werden, daß man tatsächlich auch die geschlossene Leitung der Abb. 8a wie eine offene behandeln kann. Man läßt den Speisepunkt B weg, die Leitung *3* wird aber beibehalten. Nun verwirft man alle Ströme nach dem Ende des Leiters *3*, also dorthin, wo vorher der Speisepunkt B war. Man erhält dann ein Diagramm, das vollständig dem der Abb. 6 gleicht. Der im Punkt B erhaltene fiktive Strom ist ebenso groß wie der Strom, der von B in die Leitung fließt, wenn B ein Speisepunkt ist; nur in seiner Richtung ist er verkehrt. Die Richtigkeit dieses Satzes erkennt man ohne Beweis durch die Überlegung, daß der Speisepunkt in B den Spannungsabfall in B zu Null macht, da ja in B die gleiche Spannung herrscht wie in A. Wenn aber der Speisepunkt den Spannungsabfall zu Null machen soll, muß ein gleich großer, aber entgegengesetzter Strom wie der fiktive Strom ist, von B aus in die Leitung geschickt werden. Hat man den Speisepunktsstrom in B, dann kann man sofort alle Ströme in den übrigen Leitungen angeben. Doch soll hierauf nicht näher eingegangen werden.

Es sei dem Leser empfohlen, das folgende Beispiel zuerst nach einer anderen Methode zu lösen, dann erst auf graphischem Wege.

b) Beispiel *2.* Die Abb. 8 und 9 sind so gewählt, daß sie zum folgenden Beispiel passen.

Wir wählen den Strom: $i_{wa} = 66$ A; $i_{wb} = 33$ A; die Spannung in A und B sei 220 V. Die Längen und Querschnitte der Leitungen seien

Leiter 1: $l_1 = 0{,}2$ km; $q_1 = 50$ qmm;
Leiter 2: $l_2 = 0{,}1$ km; $q_2 = 50$ qmm;
Leiter 3: $l_3 = 0{,}35$ km; $q_3 = 70$ qmm.

Danach sind die Geraden *1*, *2* und *3* auf der linken Seite des Diagrammes eingezeichnet. Dabei wurde folgender Maßstab gewählt:

$$1 \text{ km} = \mu_l = 200 \text{ mm}; \quad 1 \text{ S} \cdot \text{km}^{-1} = \mu_g = \frac{35}{4} \text{ mm}.$$

Zunächst wird der Strom i_{wa} nach b verworfen. Die Strecke aa' soll den Strom $i_{wa} = 66$ A darstellen; dann ist die Strecke $a'a''$ im gleichen Maßstab gemessen gleich $i_{wb} = 44$ A. Es ist also

$$j_{wb} = 44 + 33 = 77 \text{ A}.$$

Der Ersatzleiter E_{13} stellt den Ersatz für das ganze Leitungsgebilde, also für die 3 Leiter *1*, *2* und *3* dar; an seinem Ende haben wir uns den Strom von 77 A abgenommen zu denken. Dieser Strom muß letzten Endes von den beiden Speisepunkten A und B zufließen, und zwar von B her über den wahren Leiter *3* und von A her über den Ersatzleiter E_{12} der beiden Leitungen *1* und *2*.

Man setzt nun im Diagramm die Strecke bb' gleich dem fiktiven Strom 77 A; dann stellt die Strecke $b''b'$ den wahren Strom J_{w3} im Leiter *3* dar und die Strecke bb'' den Strom (J_{w12}) im Ersatzleiter E_{12}; wir lesen ab

$$J_{w3} = +42 \text{ A}; \quad J_{w12} = 35 \text{ A}.$$

Den Strom J_{w3} schreibt man am besten an den Leiter *3* an, und zwar mit einem Pfeil von unten nach oben, weil es ein positiver Strom ist.

Den wahren Strom J_{w2} im Leiter *2* findet man, indem man vom Strom J_{w12} des Ersatzleiters E_{12} den verworfenen Strom i_{wb} subtrahiert; es ist also

$$J_{w2} = 35 - 44 = -9 \text{ A}.$$

Diesen Strom schreiben wir an den Leiter *2* an, und zwar mit einem Pfeil von oben nach unten, weil der Strom J_{w2} negativ ist. Das heißt, daß dieser Strom auch von *B* her über den Leiter *3* zufließt.

Den Strom J_{w1} im Leiter *1* finden wir zu

$$J_{w1} = i_{wa} + J_{w2} = 66 - 9 = 57 \text{ A}.$$

Auch diesen Strom schreiben wir ein, und zwar mit einem Pfeil von unten nach oben; d. h. dieser Strom kommt von *A* her.

Damit ist die Stromverteilung gefunden. Wir berechnen nun noch die Spannungen in den Punkten *a* und *b*.

Den fiktiven Strom in *b* haben wir zu $j_{wb} = 77$ A gefunden. Die Strecke *bb'* stellt diesen Strom dar. An der Länge dieser Strecke gemessen finden wir

$$1 \text{ A} = 1 \text{ mm},$$

und demnach ist der Maßstab für die Spannung

$$1 \text{ V} = \frac{1 \cdot 200 \cdot 4}{35} = \frac{800}{35}.$$

Der Spannungsabfall im Punkt *b* wird durch die Strecke *Ab* im Diagramm dargestellt. Diese hat eine Länge von 83,5 mm; daraus ergibt sich

$$\varDelta U_b = \frac{83{,}5 \cdot 35}{800} = 3{,}65,$$

also herrscht im Punkt *b* die Spannung unter Berücksichtigung der Hin- und Rückleitung

$$U_b = 220 - 2 \cdot 3{,}65 = 212{,}7 \text{ V}.$$

Die Spannung im Punkt *a* findet man wie folgt. Wir machen die Strecke aD_2 im Strommaßstab gleich 9,0 A, errichten in D_2 die Senkrechte bis zum Schnittpunkt D_2' mit der Diagonalen und finden für die Strecke $D_2 D_2'$ eine Länge von 7,5 mm; das sind im Spannungsmaßstab gemessen

$$-\frac{7{,}5 \cdot 35}{800} = -0{,}328 \text{ V}$$

(das negative Zeichen müssen wir schreiben, weil der Strom dieses Vorzeichen hat). Also ist die Spannung im Punkt *a*

$$U_a = 212{,}7 - 2 \cdot 0{,}328 = 212 \text{ V}.$$

Man sieht, daß im Punkt *a* eine niedrigere Spannung herrscht als im Punkt *b*; das muß natürlich so sein, weil von *b* nach *a* ein Strom fließt.

Damit sind auch die Spannungen in den Punkten *a* und *b* gefunden.

Es soll nun noch ein Sonderfall behandelt werden. Wir nehmen an, daß der Strom im Punkt *b* kein abgenommener Strom, sondern ein zugeführter Strom ist. Man muß in diesem Fall schreiben

$$i_{wb} = -33 \text{ A};$$

d. h. man muß das negative Vorzeichen wählen, weil wir dem abgenommenem Strom ein positives Vorzeichen gegeben haben. Für die Stromverteilung haben wir dieselben Überlegungen anzustellen wie vorher; es ist also:

$$i_{wa} = 66 \text{ A}; \; i_{wb} = -33 \text{ A};$$

der von *a* nach *b* verworfene Strom ist wie vorher

$$\mathrm{i}_{wb} = 44 \text{ A};$$

der fiktive Strom in *b* ist also

$$j_{wb} = 44 - 33 = 11 \text{ A}.$$

Dieser Strom fließt im Ersatzleiter E_{13} und verteilt sich wie folgt

$$j_{wb} = J_{w12} + J_{w3},$$

und dafür ergibt sich aus dem Diagramm

$$J_{w3} = 6 \text{ A}; \; J_{w12} = 5 \text{ A};$$

ferner ist

$$J_{w2} = 5 - 44 = -39 \text{ A},$$

und endlich

$$J_{w1} = i_{wa} + J_{w2} = 66 - 39 = 27 \text{ A}.$$

Damit ist die Stromverteilung gefunden. Die Spannungen in den Punkten *a* und *b* können wie vorher ermittelt werden.

Bei der Berechnung von Wechselstromleitungen kann es öfter vorkommen, daß solche zugeführte Ströme vorhanden sind (kapazitive Ströme).

c) Die verzweigte, nur in einem Punkt belastete Leitung. Wir nennen Leitungsgebilde mit mehr als 2 Speisepunkten, die sich in reine Reihen-Parallelschaltungen auflösen lassen, geschlossene Leitungsverzweigungen. Wir gehen bei der Untersuchung dieser Leitungen von dem Fall aus, daß nur eine einzige Belastung vorhanden sei, und zwar in einem Knotenpunkt. Dabei verstehen wir unter einem Knotenpunkt einen solchen Punkt, in dem mehr als zwei Leitungen zusammenstoßen.

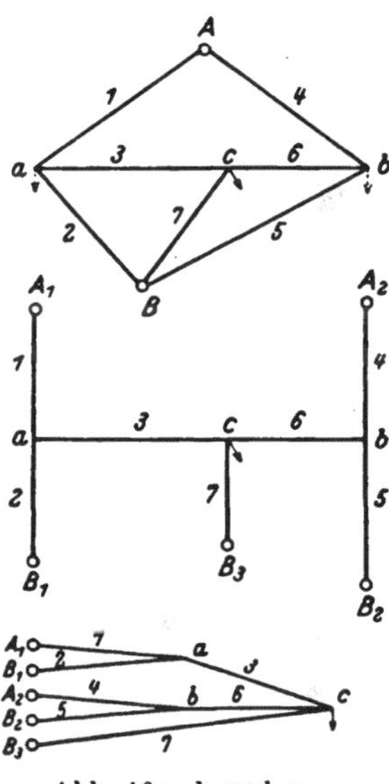

Abb. 10a, b und c.

In Abb. 10a ist ein solches Leitungsgebilde dargestellt; die Belastung befindet sich im Knotenpunkt *c*. Man sieht aus dem Aufbau, daß dieses Leitungsgebilde sozusagen mehrfach geschlossen ist. Man kann es zeichnerisch auch in einer anderen Form darstellen, bei welcher die Verzweigung deutlicher zum Ausdruck kommt (Abb. 10b). Hierbei sind die Speisepunkte, wie man sich ausdrückt, aufgeschnitten, d. h. jeder von einem Speisepunkt ausgehende Leiter ist mit seinem Speisepunkt für sich gezeichnet. Man kann aber auch den entgegengesetzten Weg gehen und alle Speisepunkte aufeinander legen; dann entsteht die Abb. 10c. Hierbei ist die Leitung im Punkt *c* geknickt; man kann sie ebensogut auch in *a* oder *b* knicken. Bei der nur in einem Punkt belasteten Anlage knickt man in dem Punkt, wo die Belastung sitzt, im vorliegenden Fall also in *c*.

An Hand der Schaltung der Abb. 10c kann man nun leicht das Leitungsdiagramm, oder, wie wir es wegen seiner Form nennen, das »Leitungsgitter« aufzeichnen (Abb. 11). Man sieht, der Knotenpunkt *c* wird im Leitungsgitter durch die oberste Linie dargestellt.

Es soll nun kurz der Aufbau des Gitters erläutert werden. Von den Leitern ist angenommen, daß sie verschiedene Querschnitte besitzen. Ihre Querschnitte und Längen sind im linken Quadranten der Abb. 11 eingezeichnet. Der Aufbau ergibt sich wie folgt. Die Leitungen *1* und *2* sind parallel geschaltet, also sind ihre Leiterrechtecke gleich hoch und

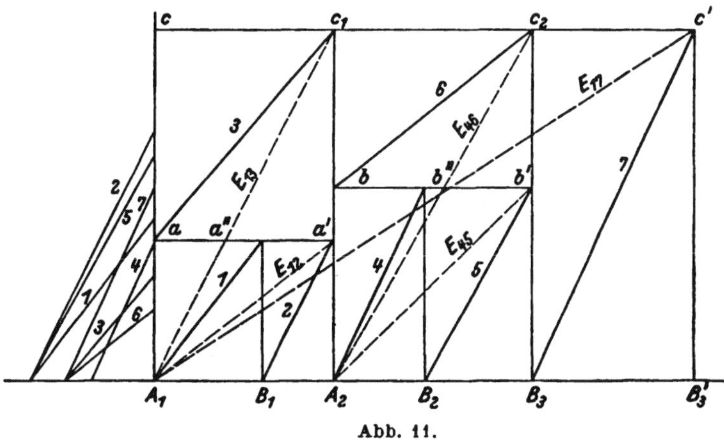

Abb. 11.

nebeneinander anzuordnen. Wie groß dabei die Basis gewählt wird, ist an sich gleichgültig. Haben wir aber die Basis und Höhe des Leiterrechteckes *1* gewählt, so ist die Größe des Leiterrechtecktes *2* vollständig bestimmt. In Reihe zu dieser Parallelschaltung liegt Leitung *3*. Sie muß also nach oben aufgebaut werden, und zwar mit der gleichen Basis, wie die beiden Leiterrechtecke *1* und *2* mitsammen haben; denn der Leiter *3* muß die Summe der Ströme von Leiter *1* und Leiter *2* führen.

Parallel zu dieser Leitergruppe liegt die Leiterkombination der Leiter *4*, *5* und *6*, die den gleichen Aufbau zeigt wie die eben gezeichnete. Um das Gitter dieser Kombination einzutragen, geht man am besten so vor. Man zeichnet in einer Nebenfigur das Gitter dieser Kombination und zieht die Ersatzleitungen

E_{45} und E_{46}. Diese Ersatzleitungen trägt man in das Diagramm der Abb. 11 ein, und zwar so, daß die Höhe des Leiterrechteckes der Ersatzleitung E_{46} gleich A_2c_1 wird. Man erhält damit das Rechteck $A_2c_1c_2B_3$. Nunmehr kann man auch den Ersatzleiter E_{45} und damit die Leiter *4*, *5* und *6* einzeichnen.

Parallel zur ganzen Gruppe liegt der Leiter *7*, der ohne weiteres eingetragen werden kann. Damit ist das Leitungsgitter der ganzen Anordnung gefunden.

Nebenbei sei auf folgendes hingewiesen. Nehmen wir an, an diese Gruppe der Leiter *1* bis *7* wären noch andere Leiter angeschlossen; dann muß natürlich das Leitungsgitter noch weiter gebaut werden. Offensichtlich würde dabei die Figur sehr groß und deshalb unbequem werden. Will man dies verhindern, dann fängt man ein neues Gitter an mit einem kleinen Rechteck des Ersatzleiters E_{17}, so wie wir eben mit dem Leiterrechteck des Leiters *1* begonnen haben und bauen an diesem weiter.

Wir kehren zurück zum Diagramm. In *c* greift der Abnahmestrom an; es ist also die ganze Verzweigung nunmehr zurückgeführt auf einen offenen einfachen nur am Ende belasteten Leiter E_{17}. Die Breite *cc'* des gesamten Rechteckes setzen wir gleich dem Abnahmestrom i_{wc} und erhalten damit auch den Maßstab für den Spannungsabfall im Knotenpunkt *c*. Außerdem können wir sofort im Strommaßstab die Ströme in allen einzelnen Leitern ablesen, die durch die Breite der einzelnen Leiterrechtecke gegeben sind. Die Höhen der Leiterrechtecke stellen die Spannungsabfälle in den Knotenpunkten *a* und *b* dar.

Die Lösung der Aufgabe ist hier besonders einfach, da nur ein einziger Strom im System angreift, es sind also keine Ströme zu verwerfen. Man sollte meinen, daß Leitungsgebilde dieser Art mit nur einer Belastung in der Praxis eine Seltenheit bilden. Wir werden aber später sehen, daß dieses Diagramm für die Berechnung der Kurzschlußströme von grundlegender Bedeutung ist und praktisch eine große Rolle spielt.

Wäre nur die Belastung in *a* oder in *b* vorhanden gewesen, dann hätten wir das Diagramm so entwerfen müssen, daß die Linien der Knotenpunkte *a* bzw. *b* die oberste Linie des Leitungsgitters bilden. Nach dem Dargelegten ist es leicht, diese Diagramme zu zeichnen.

d) Die verzweigte in beliebigen Knotenpunkten belastete Leitung. Wir betrachten das gleiche Leitungssystem, nehmen jetzt aber an, daß auch in den Knotenpunkten a und b Belastungen angreifen. In Abb. 10a sind die Belastungsströme i_{wa} und i_{wb} gestrichelt eingezeichnet. Für die Rechnung wiederholt sich nun der Vorgang wie bei der unverzweigten, in mehreren Punkten belasteten geschlossenen Leitung. Wir verwerfen den Strom i_{wa} nach dem Knotenpunkt c und erhalten dort den verworfenen Strom $\mathfrak{i}_{wc}'$ gleich der Strecke aa'', da wir den Strom i_{wa} gleich der Strecke aa' setzen (Abb. 11).

In gleicher Weise verwerfen wir den Strom i_{wb} nach c, indem wir die Strecke bb' gleich i_{wb} setzen; dann stellt die Strecke bb'' den nach c verworfenen Strom $\mathfrak{i}_{wc}''$ dar. Damit sind alle Ströme nach c verworfen und in c greift nunmehr der fiktive Strom j_{wc} an, wobei

$$j_{wc} = i_{wc} + \mathfrak{i}_{wc}' + \mathfrak{i}_{wc}''.$$

Im Diagramm wird dieser Strom durch die Strecke cc' dargestellt. Man sieht, daß dieser Strom in drei Teile zerfällt entsprechend den drei großen Rechtecken des Leiters 7, der Ersatzleitung E_{46} und der Ersatzleitung E_{13}. Diese drei Ströme sind J_{w7}, J_{w13} und J_{w46}.

Der Strom J_{w7} ist ein wahrer Strom; man kann ihn deshalb in das Diagramm an den Leiter 7 anschreiben und mit einem Pfeil von unten nach oben versehen.

Den wahren Strom im Leiter 6 findet man zu

$$J_{w6} = J_{w46} - \mathfrak{i}_{wc}''.$$

Dieser Strom kann positiv oder negativ sein; der Pfeil ist entsprechend einzutragen.

Der Strom im Ersatzleiter E_{45} ist J_{w45}, wobei

$$J_{w45} = i_{wb} \pm J_{w6};$$

dieser Strom muß positiv sein, weil er von einem Speisepunkt kommt. Wir setzen die Strecke bb' gleich diesem Strom und finden die wahren Ströme J_{w4} und J_{w5} gleich den Strecken $A_2 B_2$ und $B_2 B_3$. In genau gleicher Weise gehen wir vor bei der Ermittlung der Ströme J_{w3}, J_{w2} und J_{w1}, und damit ist die Aufgabe, die Stromverteilung zu finden, gelöst.

Die Spannungen findet man in ganz analoger Weise wie bei der Abb. 9; es braucht deshalb hierauf nicht mehr eingegangen zu werden. Außerdem sei auf das später gebrachte Beispiel verwiesen.

e) Die vermaschten Leitungen. Der einfachste Fall dieser Art ist in Abb. 12a dargestellt. Schneidet man an den Speise-

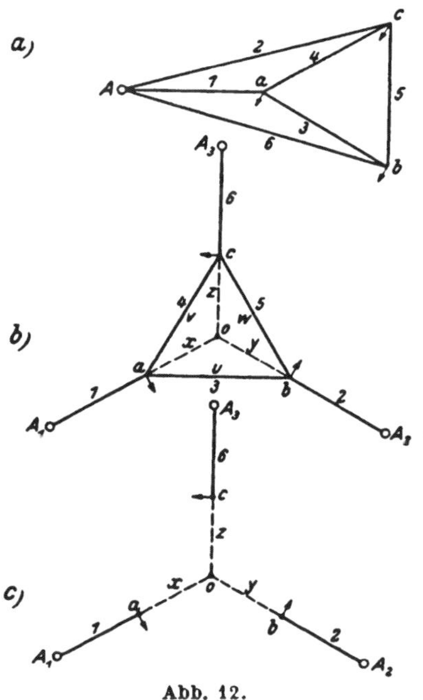

Abb. 12.

punkten auf, so erhält man das Bild der Abb. 12b. Da hier im Gegensatz zum vorher betrachteten Leitungsgebilde von einem Knotenpunkt zwei Leitungen ausgehen, von denen keine zu einem Speisepunkt führt, ist eine Auflösung des Netzes durch Reihenparallelschaltung nicht mehr möglich. Man nennt solche Leitungen auch Leitungsnetze. Unter Leitungsnetzen versteht man also Leitungen, die Maschen bilden. Man unterscheidet dreieckige Maschen

(Abb. 12), viereckige Maschen usf. Für die Praxis haben aber nur die dreieckigen Maschen Bedeutung. Es gibt in der Praxis zwar Netze, die auch viereckige Maschen enthalten; meist sind diese aber ungewollt entstanden, weil die Leitungen nicht berechnet wurden. Viereckige Maschen zu berechnen ist nämlich keine einfache Aufgabe; aber was noch schlimmer ist, solche Maschen sind auch sehr schwer mit einem verlässig arbeitenden Überstromschutz zu versehen; der Betrieb von Netzen mit so komplizierten Leitungsgebilden ist infolgedessen schwierig. Es besteht also Veranlassung, solche Maschen zu vermeiden, was sich stets leicht erreichen läßt.

Mit Hilfe der Methode der Transfiguration gelingt es nun, dreieckige Maschen aufzulösen, so daß das Netz in eine Reihen-Parallelschaltung übergeht. Dies soll am Beispiel der Abb. 12 gezeigt werden.

Man ersetzt die dreieckige Masche *abc* durch einen Leiterstern, und zwar so, daß an der Stromverteilung im übrigen Netz nichts geändert wird. In Abb. 12 b ist dieser Stern *xyz* gestrichelt eingezeichnet. Wenn wir die Widerstände der Dreiecksseiten mit *u*, *v* und *w* bezeichnen, dann ersetzt der Stern das Dreieck »widerstandsgetreu«, wenn folgende Beziehungen bestehen

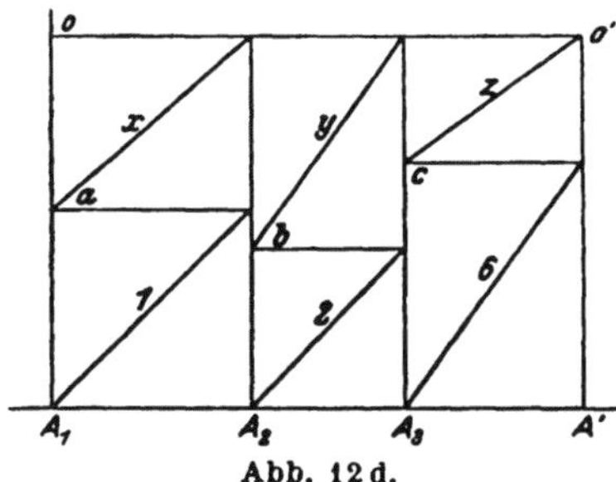

Abb. 12d.

$$\left.\begin{aligned} x &= \frac{u\,v}{u+v+w} \\ y &= \frac{u\,w}{u+v+w} \\ z &= \frac{v\,w}{u+v+w} \end{aligned}\right\} \quad . \; . \quad (20)$$

Auf den Beweis soll hier nicht eingegangen werden, da er in jedem Lehrbuch zu finden ist.

Hat man die Transfiguration vollzogen, dann erhält man die Abb. 12c; das Leitungsgitter ist in Abb. 12d dargestellt. Man sieht, die Aufgabe ist auf die verzweigte geschlossene Leitung zurückgeführt.

Wenn man sich damit begnügen kann, die Spannungen in den Eckpunkten *a*, *b* und *c* zu kennen, dann ist die Aufgabe gelöst. Wenn man aber den Strom in den Dreieckseiten wissen muß, dann muß man folgende Rechnung anstellen: Man setzt die Gleichungen an, welche besagen, daß der Spannungsabfall in je zwei hintereinander geschalteten Sternstrahlen gleich sein muß dem Spannungsabfall in der zwischen den gleichen Eckpunkten liegenden Dreieckseite; es muß also sein

$$\left.\begin{aligned} \Delta u &= \Delta x \pm \Delta y; \\ \Delta v &= \Delta x \pm \Delta z; \\ \Delta w &= \Delta y \pm \Delta z \end{aligned}\right\} \quad (21)$$

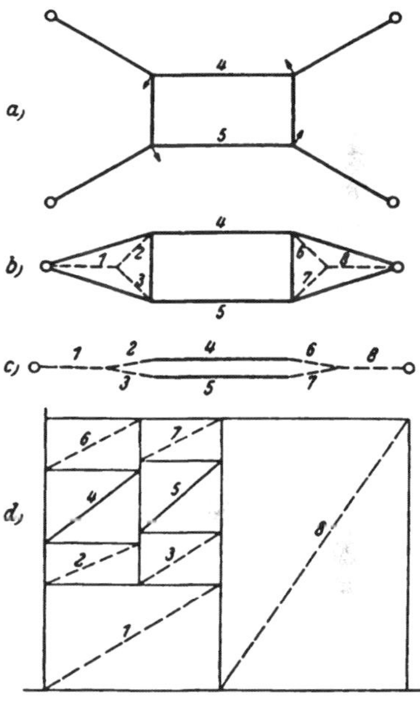

Abb. 13.

Dabei ist darauf zu achten, daß man die Vorzeichen der Spannungsabfälle richtig einsetzt; haben je zwei Sternstrahlen gleichen Richtungspfeil hinsichtlich ihrer Ströme, so sind ihre Spannungsabfälle zu addieren, im andern Fall dagegen zu subtrahieren.

Manchmal macht ein Netz den Eindruck, als ob eine viereckige Masche vorhanden wäre, wie Abb. 13a zeigt. Legt man aber je zwei Speisepunkte zusammen (Abb. 13b), so erhält man rechts und links ein Dreieck. Diese beiden Dreiecke werden, wie gestrichelt eingezeichnet ist, in Sterne transfiguriert und es ergibt sich das Leitungsgebilde der Abb. 13c, das aus einer sog. zweieckigen Masche besteht, d. h. aus einer einfachen Parallelschaltung zweier Leiter, die mit zwei anderen Leitern hintereinander geschaltet sind (Abb. 13c). Das zugehörige Leitungsgitter ist in Abb. 13d dargestellt.

Es sei erwähnt, daß man die Transfiguration auch umgehen kann; man kann für das Netz mit der Masche ein Leitungsgitter zeichnen und damit die Rechnungen durchführen. Diese Lösung soll aber erst später gebracht werden.

f) Superposition von Strömen. Bei den bisher betrachteten verzweigten und vermaschten Leitungen haben wir vorausgesetzt, daß sie nur in den Knotenpunkten belastet seien. Dies trifft in der Praxis nicht immer, ja sogar nur in seltenen Fällen zu, meist sind nämlich die Leitungen an einer oder an mehreren Stellen zwischen den Knotenpunkten belastet. Man kann auch solche Leitungen ohne weiteres auf graphischem Wege berechnen, indem man jede Abnahmestelle als einen Knotenpunkt (diskrete Knotenpunkte) auffaßt und sie im Diagramm ebenso behandelt. Wenn aber sehr viele diskrete Knotenpunkte vorhanden sind, wird das Leitungsgitter etwas dicht und vielleicht nicht mehr so übersichtlich. Man kann in diesem Fall auch einen andern Weg gehen, indem man von der Zulässigkeit der Superposition der Ströme Gebrauch macht.

Hierbei geht man so vor. Man macht alle Knotenpunkte zu Speisepunkten; wir nennen solche Speisepunkte, weil sie in Wirklichkeit nicht vorhanden sind, fiktive Speisepunkte. Auf diese Weise zerfällt das Netz in lauter von zwei Seiten her gespeiste einfache Leitungsstränge. Für diese kann man die Stromverteilung leicht berechnen, ebenso die Ströme, die man in den fiktiven Speisepunkten zuführen müßte. Man zeichnet alle diese Ströme nach Größe und Richtung in den Leitungsplan ein. Offenbar haben wir hierbei eine Veränderung an dem Netz vorgenommen, wir haben in den Knotenpunkten Ströme angebracht, die in das Netz fließen. In Wirklichkeit sind diese Ströme aber nicht vorhanden.

Um das Netz nun wieder in seine alte Form zu bringen, müssen die willkürlich hinzugefügten Ströme wieder verschwinden. Wir zeichnen den Leitungsplan wieder auf in seiner ursprünglichen Form, diesmal aber nur in den Knotenpunkten belastet, und zwar mit den Strömen, die wir vorher als Speiseströme der fiktiven Speisepunkte gefunden haben, jedoch mit dem entgegengesetzten Vorzeichen, weil sie Belastungsströme sein sollen. Wir haben nun ein nur in den Knotenpunkten belastetes Netz, für das nach den bisher entwickelten Regeln leicht die Stromverteilung gefunden werden kann. Wir tragen nun die gefundenen Leiterströme in den Leitungsplan ein, denken uns das Ganze auf ein Pauspapier gezeichnet und legen den zweiten Leitungsplan über den ersten und superponieren die Ströme, d. h. wir addieren Ströme mit gleichgerichteten Pfeilen und subtrahieren die Ströme mit entgegengesetzt gerichteten Pfeilen. Man erkennt, daß sich bei diesem Vorgang die in den fiktiven Speisepunkten hinzugefügten Ströme wieder wegheben, sie werden wieder zu Knotenpunkten, was sie ursprünglich waren. Damit haben wir die wahre Stromverteilung im Leitungsnetz gefunden und es ist nun ein leichtes die Spannungsabfälle zu kontrollieren. Auf den Beweis über die Richtigkeit dieses Verfahrens soll hier nicht eingegangen werden, man kann ihn leicht an Hand einer ganz einfachen Leitung durch ein Rechenexempel führen.

Mit Hilfe des gleichen Verfahrens kann man auch eine andere gelegentlich vorkommende Aufgabe lösen. Manchmal haben nämlich die Speisepunkte in einem Netz nicht die gleichen Spannungen. Dann stellt sich natürlich eine andere Stromverteilung ein, als wenn alle Speisepunkte die gleiche Spannung hätten; die Punkte mit höherer Spannung führen größere, die mit niedrigeren Spannungen kleinere Speiseströme zu, als wenn alle die gleiche Spannung hätten. Man kann nun in einem solchen Falle die richtige Stromverteilung auf folgende Weise finden.

Zunächst nimmt man an, alle Speisepunkte hätten gleiche Spannungen und rechnet die Stromverteilung hierfür in der üblichen Weise aus. Dann zeichnet man den Leitungsplan nochmals auf, aber gänzlich unbelastet und nimmt an, alle Speisepunkte hätten die gleiche Spannung U_0 bis auf den Speisepunkt X, der eine niedrigere Spannung U_x habe. Den Speisepunkt X faßt man nun als Belastungspunkt auf und entwirft das Leitungsgitter für diesen Leitungsplan, und zwar so, daß die Knotenpunktslinie X die oberste Linie des Diagrammes wird. Dann zeichnet man den Ersatzleiter, dessen Widerstand R_x man bestimmt. In diesem Ersatzleiter fließt dann ein Strom, der durch die Gleichung gegeben ist

$$J_x = \frac{U_0 - U_x}{R_x} \quad \ldots\ldots\ldots \quad (22)$$

Diesen Strom fassen wir als Belastungsstrom im Punkt X auf und damit ist die Aufgabe zurückgeführt auf ein nur in einem Punkt belastetes Netz; es kann also die Stromverteilung auf die einzelnen Leiter in bekannter Weise gefunden werden. Die Leiterströme werden der Größe und Richtung nach in den Leitungsplan eingetragen.

Dies Verfahren wird für alle Speisepunkte mit verschiedenen Spannungen wiederholt und schließlich werden alle Leitungspläne übereinander gelegt und die Ströme superponiert; dann hat man die wahre Stromverteilung im Netz und die Aufgabe ist gelöst.

g) Beispiel *3* für ein ganzes Netz. Es sei das Netz der Abb. 14a gegeben. Die in Kreisen gesetzten Zahlen geben den Querschnitt, die zwischen zwei Strichen gesetzten Zahlen die einfache Länge der einzelnen Leitungen an; die an die Pfeile angeschriebenen Zahlen sind die Abnahmeströme an diesen Punkten. In den Speisepunkten A, B und C soll das Netz mit gleich großen Spannungen gespeist werden.

Da das Netz nicht nur in den Knotenpunkten, sondern an einigen Stellen längs der Leitungen belastet ist, müssen wir zunächst das Netz in ein solches verwandeln, das nur in den Knotenpunkten belastet ist. Dies geschieht, indem wir alle Knotenpunkte zu Speisepunkten machen und berechnen, welche Ströme in diesen Speisepunkten zugeführt werden müßten. Dabei wollen wir nur die Punkte zu Speisepunkten machen, in denen mehr als zwei Leitungen zusammentreffen. Wir nennen diese Speisepunkte »fiktive« Speisepunkte. Die Berechnung der fiktiven Speisepunktsströme ist einfach; denn alle Leitungen zwischen je zwei Speisepunkten stellen von zwei Punkten her gespeiste Stränge dar. Die so erhaltenen Ströme der fiktiven Speisepunkte sind in Abb. 14b eingetragen und mit Pfeilen versehen, die auf die fiktiven Speisepunkte zugekehrt sind. Ferner sind an die Leitungen die Ströme angeschrieben, die in ihnen hierbei fließen würden.

Nunmehr nimmt man an, das Netz wäre nur in den Knotenpunkten belastet, und zwar mit den Strömen, die wir eben als fiktive Speisepunktsströme gefunden haben. In Abb. 14c sind diese Ströme eingetragen. Um das Netz in eine Reihenparallelschaltung auflösen zu können ist die

Masche *abi* in einen Stern verwandelt, wie gestrichelt angedeutet ist.

Für dieses Netz ist das Leitungsgitter entworfen, das in Abb. 14d dargestellt ist. An Hand dieses Gitters wird die

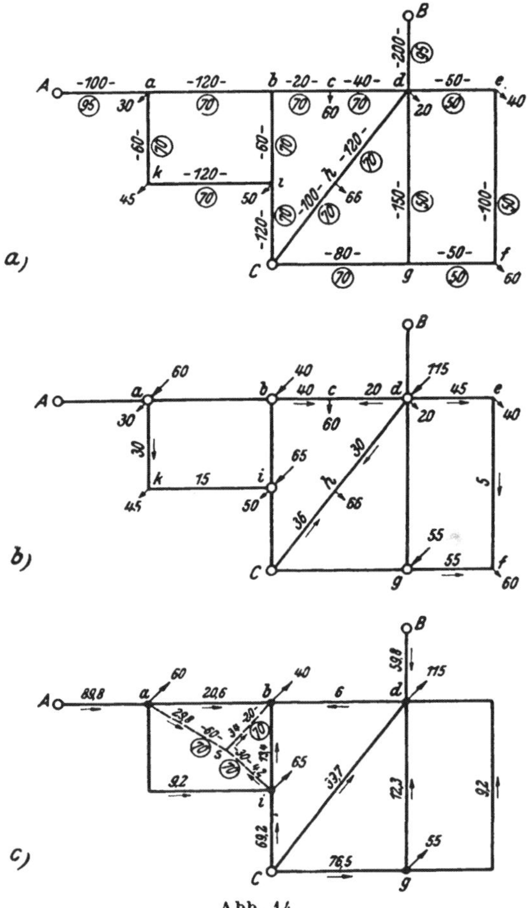

Abb. 14.

Stromverteilung auf die einzelnen Leiter in bekannter Weise ermittelt. Im Gitter sind die Ströme eingetragen. Die so gefundenen Ströme in den Leitern werden in die Abb. 14c eingeschrieben und mit den zugehörigen Pfeilen versehen.

Nunmehr wird Abb. 14c auf Abb. 14b gelegt, Ströme mit gleichgerichteten Pfeilen werden addiert, die mit entgegengesetzten Pfeilen subtrahiert (Abb. 14e). Man sieht, daß

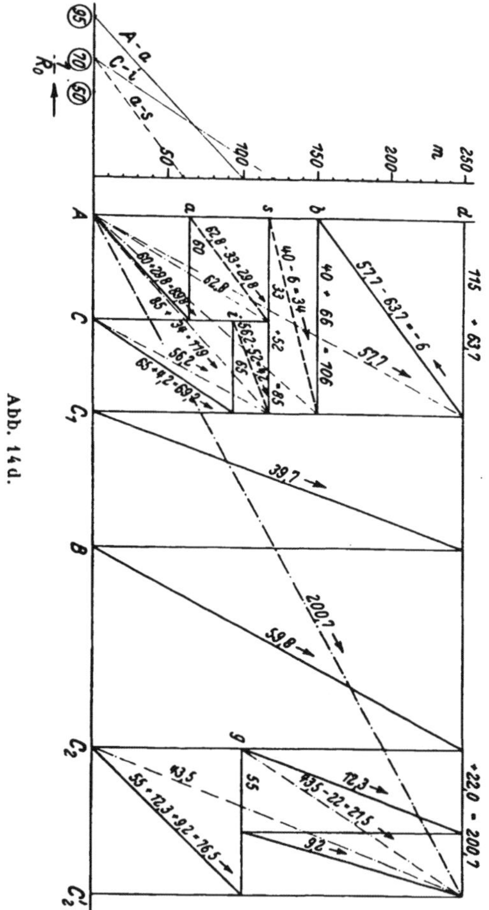

Abb. 14d.

hierbei die fiktiven Speisepunktsströme wegfallen; die noch übrigen Ströme geben die wahren Ströme in den Leitungen an, deren Summe gleich den Abnahmeströmen sein muß. Damit ist die Aufgabe der Stromverteilung gelöst.

Nunmehr kann man die Spannungsabfälle in den einzelnen Punkten des Netzes aufsuchen. Dies ist der Übersichtlichkeit halber nicht im Leitungsgitter durchgeführt, sondern in eigenen Diagrammen (Abb. 14f), die nach Art der Abb. 5 aufgebaut sind.

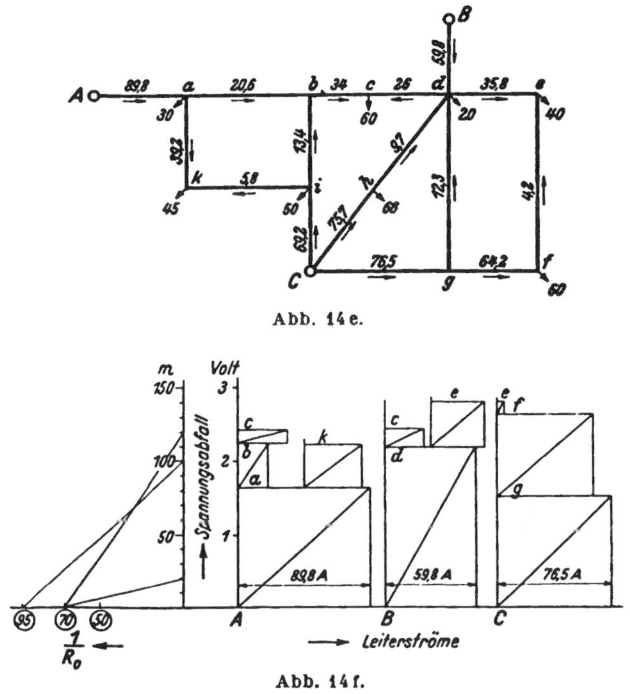

Abb. 14e.

Abb. 14f.

In den Abbildungen sind folgende Maßstäbe verwendet: 1 A = 0,5 mm; 1 km = 500 mm; 1 S · km^{-1} = 10 mm;

1 V = 25 mm.

Mit den auf den Ordinatenachsen angegebenen Maßstäben kann man die Abbildungen maßstäblich auswerten.

Auf eine Beschreibung der ganzen Konstruktion wurde hier verzichtet. Es muß dem Leser überlassen bleiben, sich an Hand dieses Beispiels und der Abbildungen mit den eingeschriebenen Zahlen selbst einzuarbeiten. Am besten ist es, wenn der Leser das ganze Beispiel selbst durchkonstruiert und seine

Resultate mit den hier angegebenen vergleicht. Bei auftretenden Zweifeln über den Weitergang der Konstruktion usw. kann nur empfohlen werden, immer wieder auf die Beispiele der einfachen Leitungen zurückzugreifen. Die auf die Durchrechnung der Aufgabe angewendete Mühe lohnt sich reichlich für den, der viel mit Leitungen zu tun hat.

h) Stromänderung längs der Leitungen. Jede Leitung besitzt Kapazität gegen die Nachbarleitungen und gegen Erde, es fließt also von jedem Element einer Leitung ein Verschiebungsstrom zu den andern Leitungen und zur Erde Dieser Verschiebungsstrom wird durch den Leitungsstrang jedem Element zugeführt; offenbar ist also der gesamte in der Leitung fließende Verschiebungsstrom am Anfang der Leitung am größten und wird immer kleiner, je weiter man sich vom Anfang der Leitung entfernt.

Außer diesem Verschiebungsstrom entweicht aber noch ein weiterer Strom der Leitung. Es gibt keine Leitung, die unendlich gut isoliert ist, über jeden Isolator fließt ein, wenn auch kleiner Isolationsstrom zur Erde. Bei Kabeln entweicht der Isolationsstrom durch das Dielektrikum zum Kabelmantel und von da zur Erde. Endlich tritt bei Hochspannungsleitungen noch eine andere Erscheinung auf, die zu Verlusten Veranlassung gibt, die Korona.

Wir können nun annehmen, daß alle diese Ströme von Verbrauchern abgenommen würden. Es wäre aber für die Rechnung umständlich, diese Verbraucher längs der Leitung so fein verteilt anzunehmen, als die Ströme wirklich entweichen. Wenn die Leitungslängen zwischen 2 Knotenpunkten nun nicht länger als etwa 200 km (Freileitung) bzw. etwa 100 km (Kabel) sind, kann man so vorgehen. Man berechnet, wie groß die Kapazität, der Isolationswert und die Koronaverluste auf der ganzen Leitungslänge zwischen zwei Knotenpunkten (bzw. diskreten Knotenpunkten) sind; davon wird je die Hälfte auf jeden Knotenpunkt verlegt und so behandelt, als wenn es sich um einen Verbraucher handeln würde.

Befindet sich nun tatsächlich an diesen Stellen ein wirklicher Verbraucher, dann kann man die Verluste durch »Ableitung« (Isolations- und Koronaverluste) direkt zu den Wirkkilowatt des Abnehmers hinzuzählen. Den kapazitiven Blindstrom subtrahiert man vom induktiven Blindstrom des Verbrauchers. Dabei ergibt sich ein Überschuß von induktivem oder kapazitivem Blindstrom. Einen kapazitiven Überschuß an Blindstrom behandelt man so, als wenn der Verbraucher induktiven Blindstrom in die Leitung speisen würde. Dies wirkt für den Spannungsabfall der Leitung günstig; bekanntlich erzeugt man sogar öfters einen solchen Überschuß, um den Spannungsabfall zu heben. Im folgenden Beispiel ist eine Wechselstromleitung mit Kapazität und Ableitung durchgerechnet.

i) **Beispiel** *4.* Es soll im folgenden eine Drehstromleitung in Ringform für eine verkettete Spannung von 110 kV vollständig durchgerechnet werden. Die Leitungskonstanten pro 1 km und eine Phase (Beläge der Leitung) sind: $R_0 =$ 0,154 Ohm; $\omega L_0 = 0{,}394$ Ohm; $\omega C_0 = 2{,}9 \cdot 10^{-6}$ Siemens; Glimmverluste = 1 kW pro km. Der Leitungsring ist in Abb. 15a dargestellt. Die Belastungen sind

im Punkt a: $N_{wa} = 4000$ kW; $N_{ba} = 3500$ BkW;
im Punkt b: $N_{wb} = 30000$ kW; $N_{bb} = 20000$ BkW;
im Punkt c: $N_{wc} = 10000$ kW; $N_{bc} = 5000$ BkW.

In den Wirkleistungen seien die Glimmverluste mit eingeschlossen. Die Aufgabe besteht darin, die Strom- und Spannungsverteilung im Ring zu finden.

Die Berechnung wird für eine Phase durchgeführt. Hierzu sind die gegebenen Leistungen durch 3 und die Spannungen durch $\sqrt{3}$ zu dividieren. Wir schneiden den Ring im Speisepunkt A auf und erhalten das typische Bild einer von zwei Seiten her gespeisten Leitung.

Die Kapazität wird auf die Knotenpunkte so verworfen, daß auf jeden Belastungspunkt die Hälfte der Kapazitäten der von ihm ausgehenden Leitungsstücke trifft. Der auf den Speisepunkt selbst entfallende Anteil hat auf die Berechnung der Leitung keinen Einfluß. Demnach betragen die kapazitiven Leitwerte im Punkt a: $\omega C_a = 283 \cdot 10^{-6}$ S; im Punkt b: $\omega C_b = 304{,}5 \cdot 10^{-6}$ S; im Punkt c: $\omega C_c = 275{,}5 \cdot 10^{-6}$ S. Diese sind im Leitungsbild Abb. 15b eingetragen.

Nunmehr soll die Berechnung der Stromverteilung in den Leitungen in Angriff genommen werden. Hierzu ist notwendig, die Abnahmeströme in den Punkten a, b und c zu kennen. Die Ströme können aus den gegebenen Leistungen berechnet werden, wenn die Spannungen in den Punkten a, b und c bekannt sind. Diese müssen aber erst gesucht werden. Wir gehen nun so vor, daß wir die Spannungen in diesen Punkten schätzen; die Spannungen in den Speisepunkten sind bekannt.

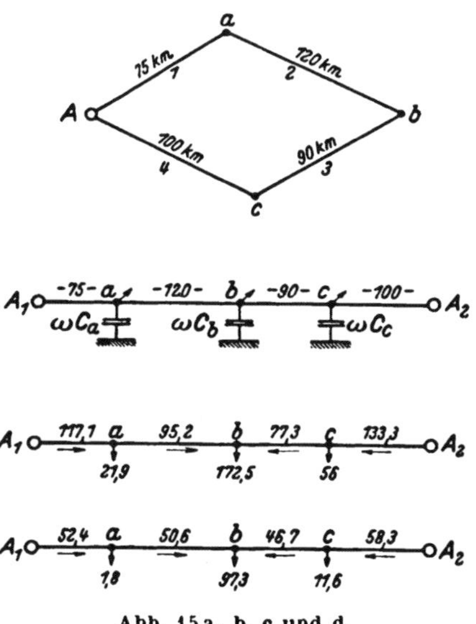

Abb. 15a, b, c und d.

1. Annahme. Spannung im Punkt a gleich 61 kV; Spannung im Punkt b gleich 57,8 kV; Spannung im Punkt c gleich 59,5 kV; Spannung in den Speisepunkten gegeben zu 63,5 kV.

Damit ergibt sich:

der Wirkstrom im Punkt a

$$i_{wa} = \frac{4000}{3 \cdot 61} = 21{,}9 \text{ A};$$

der Blindstrom in a herrührend von der induktiven Blindlast

$$+ i_{ba} = \frac{3500}{3 \cdot 61} = 19{,}1 \text{ A};$$

der Blindstrom in a herrührend von der **kapazitiven** Belastung

$$-i_{ba} = -61 \cdot 283 \cdot 10^{-3} = -17{,}3\ \mathrm{A};$$

und damit der resultierende Blindstrom in a

$$i_{ba} = 19{,}1 - 17{,}3 = 1{,}8\ \mathrm{A}.$$

In gleicher Weise berechnet man die Werte für die anderen Punkte. Das Ergebnis ist für die Wirkströme in Abb. 15c und für die Blindströme in Abb. 15d eingetragen.

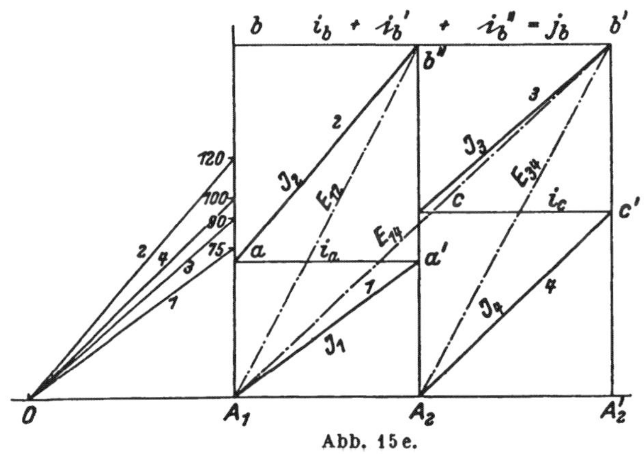

Abb. 15e.

Nunmehr können wir die **Leiterströme** finden. Wir benützen dazu das in Abb. 15e dargestellte Leitungsgitter, und zwar ein und dasselbe Gitter sowohl zur Ermittlung der Wirkströme als auch der Blindströme. Das ist möglich, da die Widerstände pro km längs der ganzen Leitung konstant sind. Das Leitungsgitter ist so gezeichnet, daß der Punkt b die oberste Linie des Gitters ergibt. Wir finden mit Hilfe des Gitters

a) Wirkstromverteilung. Abnahmestrom $i_{wa} = 21{,}9\ \mathrm{A}$; gleich der Strecke aa'; verworfener Strom also $i_{wb}' = 8{,}8\ \mathrm{A}$.

Abnahmestrom $i_{wc} = 56\ \mathrm{A}$; gleich der Strecke cc'; verworfener Strom also $i_{wb}'' = 29{,}4\ \mathrm{A}$.

Fiktiver Strom in b also

$$\begin{aligned} j_{wb} &= i_{wb} + i_{wb}' + i_{wb}'' \\ &= 172{,}5 + 8{,}8 + 29{,}4 = 210{,}7\ \mathrm{A} \quad \ldots\ldots (23) \end{aligned}$$

Dieser muß auf die beiden Ersatzleiter E_{12} und E_{34} aufgeteilt werden entsprechend den Strecken $A_1 A_2$ und $A_2 A_2'$; man erhält

$$J_{w12} = 104 \text{ A}; \quad J_{w34} = 106{,}7 \text{ A}.$$

Daraus findet man die Leiterströme

$$J_{w2} = 104 - 8{,}8 = 95{,}2 \text{ A};$$
$$J_{w1} = 95{,}2 + 21{,}9 = 117{,}1 \text{ A};$$
$$J_{w3} = 106{,}7 - 29{,}4 = 77{,}3 \text{ A};$$
$$J_{w4} = 77{,}3 + 56 = 133{,}3 \text{ A}.$$

Diese Ströme sind in Abb. 15c eingetragen.

b) Blindstromverteilung. Abnahmeströme $i_{ba} = 1{,}8$ A; gleich der Strecke aa'; der nach b verworfene Strom ist also $i_{bb}' = 0{,}7$ A.

Abnahmestrom $i_{bc} = 11{,}6$ A; gleich der Strecke cc'; der nach b verworfene Strom ist also $i_{bb}'' = 6{,}1$ A.

Fiktiver Strom in b demnach

$$j_{bb} = i_{bb} + i_{bb}' + i_{bb}'' = 104{,}1 \text{ A} \quad . \quad . \quad . \quad . \quad . \quad (24)$$

Dieser muß auf die beiden Ersatzleiter E_{12} und E_{34} aufgeteilt werden entsprechend den Strecken $A_1 A_2$ und $A_2 A_2'$; man erhält

$$J_{b12} = 51{,}3 \text{ A}; \quad J_{b34} = 52{,}8 \text{ A}.$$

Daraus findet man die Leiterströme

$$J_{b2} = 50{,}6 \text{ A}; \quad J_{b1} = 52{,}4 \text{ A}$$
$$J_{b3} = 46{,}7 \text{ A}; \quad J_{b4} = 58{,}3 \text{ A}.$$

Diese Ströme sind in Abb. 15d eingetragen.

Nunmehr hat man mit der gefundenen Stromverteilung den Ohmschen Spannungsabfall des Wirkstromes und den induktiven Spannungsabfall des Blindstromes zu ermitteln, deren algebraische Summe den gesamten Spannungsabfall ergibt. Dies könnte an Hand des Leitungsgitters geschehen. Der besseren Übersicht wegen wurde jedoch für jeden Fall ein eigenes Gitter gezeichnet (Abb. 15f und 15g). Dabei sind folgende Maßstäbe gewählt worden: 1 V = 0,002 cm; 1 A = 0,04 cm; 1 km = 0,05 cm; 1 S · km^{-1} = 1 cm.

Die Spannungsabfälle sind in die Abbildungen eingeschrieben. Danach ergeben sich folgende Gesamtspannungsabfälle in den einzelnen Punkten

$\Delta U_a = 2890$ V; $\Delta U_b = 7040$ V; $\Delta U_c = 4340$ V.

Für die Spannungen erhalten wir also

$U_a = 60{,}610$ kV; $U_b = 56{,}460$ kV$_0$ $U_c = 59{,}160$ kV;

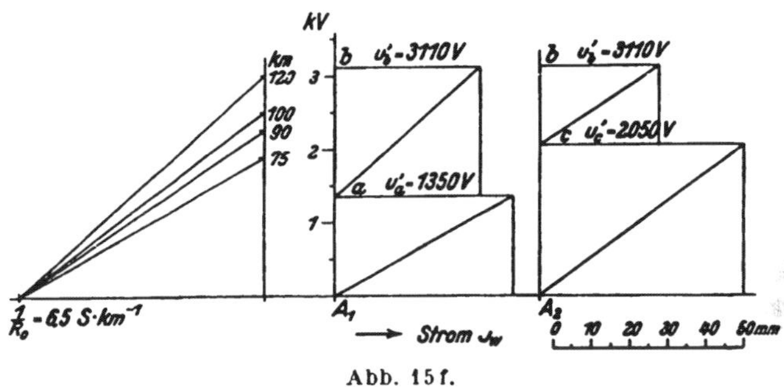

Abb. 15f.

diese Spannungen müssen wir mit den angenommenen vergleichen. Man sieht, daß unsere Schätzung um 1 bis 2% von diesen Werten abweicht.

2. Annahme. Wir müssen nun die Rechnung von vorne beginnen, indem wir mit den durch die Rechnung gefundenen Werten der Spannungen die Ströme aus den Leitungen berechnen und wieder die Stromverteilungen und Spannungsabfälle ermitteln. Wir erhalten dann wieder Werte für die Spannungen in den Punkten a, b und c, die von den eben gefundenen weniger abweichen. Wenn die Abweichungen der durch die wiederholte Rechnung gefundenen Werte 1% nicht überschreitet gegenüber den durch die erste Rechnung gefundenen Werten, kann man sich mit dem Resultat begnügen und die Aufgabe als gelöst betrachten. Auf die Wiederholung der Rechnung soll hier verzichtet werden. Bei dieser Wiederholung kann das Leitungsgitter der Abb. 15e ohne jede Änderung benützt werden.

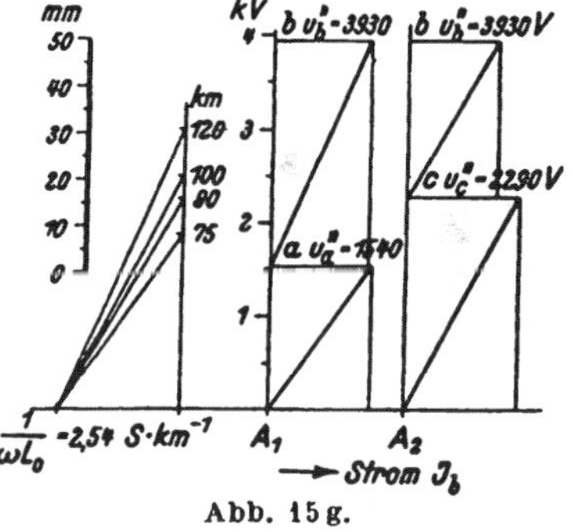

Abb. 15g.

3. Die mit Kurzschlußströmen belastete Leitungsanlage.

Je umfangreicher ein Leitungsnetz ist und je mehr Leitungsnetze zusammengeschlossen sind, um so größer ist die Wahrscheinlichkeit des Auftretens von Störungen durch Kurzschlüsse. Mit diesen Erscheinungen können aber große Betriebsunterbrechungen verbunden sein und außerdem Zerstörungen von wichtigen und teuren Betriebseinrichtungen. Zur Eindämmung der schädlichen Wirkungen gibt es eine Reihe von Mitteln; deren Anwendung setzt aber eine möglichst genaue Kenntnis der Größe und Verteilung dieser Ströme und Spannungen im Netz und auf das Kraftwerk voraus. Es ist deshalb eine wichtige Aufgabe bei der Vorausberechnung von Leitungsanlagen und von Schutzeinrichtungen, die bei solchen Störungen auftretenden Ströme zu ermitteln. Beim Auftreten von Kurzschlüssen sind die Ströme nicht gegeben, sondern müssen gefunden werden; dafür ist aber bekannt, daß der Spannungsabfall bis zur Kurzschlußstelle 100% beträgt. Auf Grund dieser Tatsache müssen die Ströme berechnet werden. Hier liegt also die Aufgabe umgekehrt wie bei unseren bisherigen Betrachtungen; wir werden aber sehen, daß auch hier die entwickelten Diagramme sehr gute Dienste tun.

Bei den folgenden Betrachtungen soll nur der dreiphasige Kurzschluß betrachtet werden. Auf Besonderheiten, wie Stoßkurzschlußstrom, Einschaltvorgänge, zwei- und einphasigen Kurzschluß wird nicht näher eingegangen; die für den dreiphasigen Kurzschluß angegebenen Methoden können sinngemäß auch auf diese Vorgänge erweitert und angewendet werden. Ferner wird der Ohmsche Widerstand der Leitungen wie üblich vernachlässigt, obwohl er in manchen Fällen leicht berücksichtigt werden könnte. Wir nehmen also an, die Leitungen besäßen nur Induktivität; es soll aber noch dargelegt werden, wie man auch die Kapazität berücksichtigen kann.

Während wir bei den bisherigen Leitungsberechnungen annehmen durften, daß die Spannung in den Speisepunkten konstant sei, müssen wir bei der Kurzschlußberechnung diese

Annahme fallen lassen. In der Regel ist der Kurzschlußstrom fast rein induktiv und hat infolgedessen eine entmagnetisierende Ankerrückwirkung zur Folge, so daß die Generatorspannung stark abfällt und damit ändert sich auch der Kurzschlußstrom. Diese Erscheinung erschwert die Berechnung des Kurzschlußstromes. Es ist notwendig, mit Rücksicht darauf die Leitungen anders einzuteilen. Wir unterscheiden hier zweckmäßig zwei Gruppen von Leitungen; die erste Gruppe umfaßt alle Leitungen, die nur von einem Kraftwerk gespeist werden, die zweite Gruppe die Leitungsanlagen, welche von mehreren Kraftwerken gespeist werden. In einem besonderen Abschnitt soll gezeigt werden, wie man die Kapazität der Leitungen im Diagramm darstellen kann.

a) Die von einem Kraftwerk gespeisten Leitungen. Zu dieser Gruppe gehören in erster Linie alle offenen Leitungen, aber auch die geschlossenen und vermaschten, soweit sie von nur einem Kraftwerk gespeist werden.

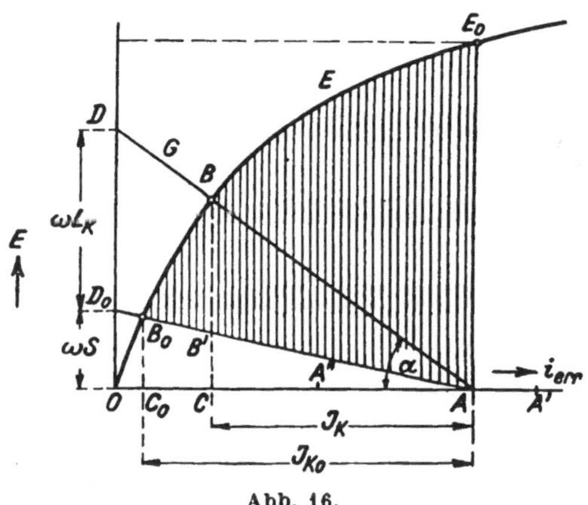

Abb. 16.

Wir nehmen der Einfachheit halber an, es arbeite nur ein einziger Generator auf das Netz; die Leerlaufcharakteristik dieser Maschine sei in Abb. 16 durch die Kurve E (induzierte Spannung abhängig vom Erregerstrom i_{err}) dargestellt. Um einen Kurzschlußstrom J_K durch die ganze Leitungskombination zu treiben, ist eine Spannung erforderlich, welche die

Streuspannung $J_K \omega S$ der Generatorwicklung und den induktiven Spannungsabfall $J_K \omega L_K$ der angeschlossenen Leitung überwindet. Die Kurzschlußspannung E_K ist also

$$E_K = J_K (\omega S + \omega L_K) \quad . \quad . \quad . \quad . \quad . \quad . \quad (25)$$

Wie erwähnt, ist der Ohmsche Widerstand hierbei vernachlässigt. Da S und L_K konstant sind, wird die Abhängigkeit zwischen Kurzschlußstrom und treibender Spannung durch eine Gerade dargestellt mit der Neigung α, wobei

$$\operatorname{tg} \alpha = \frac{E_K}{J_K} = \omega S + \omega L_K \quad . \quad . \quad . \quad . \quad . \quad . \quad (26)$$

Der Kurzschlußstrom J_K fließt durch die Ständerwicklung und entmagnetisiert als induktiver Blindstrom das Magnetfeld. Er wirkt also dem Erregerstrom entgegen. Wie stark diese Gegenwirkung ist, hängt vom Windungsverhältnis zwischen Ständer- und Läuferwicklung ab.

Wir nehmen an, die Maschine sei mit dem Erregerstrom OA erregt. Dann ist die induzierte Spannung, die Leerlaufspannung gleich E_0. Wir tragen nun die erwähnte Gerade G von A aus in das Diagramm ein (Abb. 16). Der wirkliche Spannungszustand des Generators wird durch den Schnittpunkt B der Geraden mit der Charakteristik dargestellt, die induzierte Spannung ist CB. Die Strecke CA stellt den sich bildenden Kurzschlußstrom dar, natürlich unter Berücksichtigung des Diagramm-Maßstabes.

Von der induzierten Spannung CB wird der Teil CB' zur Überwindung der Streuspannung des Generators verbraucht, während der Teil $B'B$ an den Klemmen des Generators herrscht und den Spannungsabfall des Außenkreises darstellt. Ist der äußere Widerstand Null, also beim Klemmenkurzschluß des Generators, dann stellt sich der Kurzschlußstrom J_{K_0} gleich AC_0 ein und die Spannung C_0B_0. Findet der Kurzschluß an einer unendlich fernen Stelle statt, dann ist ωL_K gleich unendlich und tg α gleich 90^0. Es stellt sich dann die Leerlaufspannung E_0 ein und der Kurzschlußstrom ist gleich Null. Je nach der Größe des äußeren Widerstandes überstreicht also der von A ausgehende Strahl den schraffierten Bereich des Diagrammes.

Nun ist für jeden Generator der größte Kurzschlußstrom J_{K_0} und die zugehörige Spannung $J_{K_0} \omega S$ aus der Maschinenberechnung bekannt und damit ist der Maßstab der Abbildung gegeben. Man trägt den Punkt B_0 der Streuspannung für den Klemmenkurzschluß in die Leerlaufcharakteristik ein, legt hierdurch die Senkrechte zur Abszissenachse und erhält den Punkt C_0. Die Strecke OA ist die Leerlauferregung des Generators; dann ist AC_0 der bekannte Kurzschlußstrom J_{K_0}. Man verbindet nun A mit B_0 und verlängert diese Gerade bis zum Schnitt mit der Ordinatenachse; die Strecke OD_0 kann dann als Streureaktanz ωS des Generators geeicht werden. In diesem Maßstab trägt man die Reaktanz ωL_K des äußeren Stromkreises bis zur Kurzschlußstelle auf (gleich D_0D) und erhält dann den bei diesen Verhältnissen auftretenden Kurzschlußstrom AC.

Die Reaktanz des äußeren Stromkreises erhält man in sehr einfacher Weise. Man zeichnet das Leitungsgitter der Anlage, und zwar so, daß der Kurzschlußpunkt zur obersten Linie des Gitters wird; dann zieht man die Ersatzleitung und hat damit die Reaktanz des ganzen Stromkreises gewonnen. Die Strecke D_0D macht man dann gleich dieser Ersatzreaktanz und kann den Kurzschlußstrom daraus finden. Die gesamte Breite des Leitungsgitterrechteckes wird dann gleich diesem Kurzschlußstrom gesetzt; in diesem Maßstab gemessen geben die Breiten der einzelnen Leiterrechtecke sofort die durch diese Leiter fließenden Kurzschlußströme an. Damit ist auch die Verteilung der Kurzschlußströme im Leitungsnetz gefunden, was für die Einstellung des Selektivschutzes sehr wichtig ist. Da man auch die auf den äußeren Stromkreis entfallende Spannung BB' kennt, kann man aus dem Leitungsgitter ohne weiteres die in den einzelnen Punkten herrschenden Spannungen ablesen; man braucht hierzu nur die Höhe des gesamten Rechteckes des Leitungsgitters gleich BB' zu setzen.

Ist das Netz bei Eintritt des Kurzschlusses belastet, dann ist die Erregung nicht OA, sondern vielleicht gleich OA' oder bei kapazitiver Belastung gleich OA''; außerdem kommt zum Kurzschlußstrom noch der Belastungsstrom hinzu, der in den vom Kurzschluß nicht betroffenen Leitungen fließt. Will man diesen Strom berücksichtigen, dann muß bekannt sein, wie sich der Belastungsstrom mit sinkender Spannung ändert. Der Belastungsstrom würde linear mit der Spannung sinken, wenn die angeschlossenen Belastungen durch eine konstante Impedanz dargestellt werden könnten; das trifft bei Belastung durch Motoren sicher nicht zu. Gewöhnlich verzichtet man nun auf die Berücksichtigung des Belastungsstromes, weil der hierbei gemachte Fehler verhältnismäßig gering ist. Ist aber die Charakteristik der Belastung bekannt, so kann man den Belastungsstrom im Diagramm auch berücksichtigen; man braucht den Verbraucher nur als eine zum Kurzschlußstromkreis parallel geschaltete Reaktanz aufzufassen.

Bei Hochspannungsnetzen ist gewöhnlich der Querschnitt und das Mastbild für alle Leitungen gleich, d. h. alle Leitungen haben die gleiche kilometrische Impedanz. In diesem Fall kann man das Leitungsgitter für die Impedanzen aufbauen und die resultierende Impedanz ermitteln. Es kann dann der Kurzschlußstrom unter Berücksichtigung des Ohmschen Widerstandes gefunden werden; doch soll hierauf nicht näher eingegangen werden.

Wenn man die Streureaktanzen der Generatoren beim ein- und zweipoligen Kurzschluß kennt, kann man auch die Kurzschlußströme für diese Fälle berechnen. Im allgemeinen kann man annehmen, daß der einpolige Kurzschluß den 2,5fachen und der zweipolige Kurzschluß den 1,5fachen Betrag des dreipoligen Kurzschlußstromes ergibt.

Ist es notwendig, daß der Kurzschlußstrom in einem gewissen Leitungsstrang kleiner wird, so schaltet man dem betreffenden Leitungsstrang eine Drosselspule vor. Man kann im Leitungsgitter leicht finden, wie groß die Reaktanz der Schutzdrossel sein muß, um die gewünschte Reduktion des Kurzschlußstromes zu erhalten.

Um den Gang der Rechnung noch zu illustrieren, nehmen wir an, die Leitung von Abb. 15a befinde sich im Leerlauf und erleide im Punkt b plötzlich einen dreiphasigen Kurzschluß. Die Charakteristik des ganzen Kraftwerkes werde durch die Kurve der Abb. 16 dargestellt. Für die Leitungsanlage gilt das Gitter der Abb. 15e mit der Ersatzleitung E_{14}. Wir zeichnen durch O die Parallele zu dieser Ersatzleitung und finden für sie eine Länge von rd. 97 km. Die Reaktanz der Ersatzleitung ist also $0{,}394 \cdot 97 = 38{,}2$ Ohm. Wir hätten demnach die Strecke DD_0 in Abb. 16 gleich dieser Reaktanz zu machen, und zwar im Maßstab der Strecke OD_0. Dann stellt also die Strecke AC die Größe des Kurzschlußstromes J_K dar, dessen numerischer Wert damit bekannt ist. Im Diagramm der Abb. 15e hätten wir dann die Strecke bb' gleich diesem Kurzschlußstrom zu setzen; in diesem Maßstab gemessen geben dann die Breiten der Rechtecke den Strom in den zugehörigen Leitern an, womit die Stromverteilung im Netz gefunden wäre. Abb. 16 zeigt, daß die Spannung von den Klemmen der Generatoren bis zur Kurzschlußstelle gleich BB' ist. In Abb. 15e setzen wir die Strecke A_1b gleich dieser Spannung, wobei der Nullpunkt der Spannung in b liegt, d. h. an der Kurzschlußstelle. Damit ist auch die Spannung in den Punkten a und c des Netzes gefunden. Man erkennt, daß die Strom- und Spannungsverteilung mit Hilfe des Leitungsgitters auch bei komplizierteren Netzen ohne Schwierigkeit gefunden werden kann.

b) Die von mehreren Kraftwerken gespeiste Leitungsanlage. Bei den früheren Berechnungen solcher Leitungen konnten wir annehmen, daß die Spannungen in allen Kraftwerken gleich groß und konstant seien. Deshalb konnten wir die Speisepunkte aufeinander legen und die Reihenparallelschaltung durchführen. Dieses Verfahren können wir hier nicht mehr anwenden, da die Spannungen in den Speisepunkten bei Kurzschluß sinken, und zwar in jedem Kraftwerk verschieden stark, je nach dem darauf treffenden Teil des Kurzschlußstromes. Dadurch tritt eine gewisse Schwierigkeit in der Berechnung der Kurzschlußströme auf.

In der Praxis umgeht man diese Schwierigkeit häufig in der Weise, daß man das Netz aufschneidet und jedem Kraftwerk einen gewissen Teil des Netzes zuweist. Man kann dann das eben beschriebene Verfahren wieder anwenden. Auf diese Methode soll hier nicht näher eingegangen, sondern ein vom Verfasser angegebenes Verfahren angewendet werden.

Wenn man im Diagramm der Abb. 16 die Netzreaktanzen variiert, dann erhält man für jede Reaktanz einen anderen Strom und eine andere Spannung. Trägt man diese Spannungen abhängig vom Strom auf, so erhält man die Belastungscharakteristik des Generators (Kraftwerkes) bei rein induktiver Belastung, wie sie in Abb. 17 durch die Kurve B dargestellt ist.

Dürfte man die Eisensättigung vernachlässigen (Annahme konstanter synchroner Reaktanz), dann erhielte man für die Belastungscharakteristik die Gerade A. Mit dieser wollen wir uns zunächst beschäftigen. Wir können uns diese Charakteristik in folgender Weise entstanden denken. Der Generator möge eine vom Strom unabhängige, also eine starre Spannung U_0 erzeugen. Unmittelbar an die Klemmen des Generators sei eine Reaktanz I geschaltet, deren Größe so

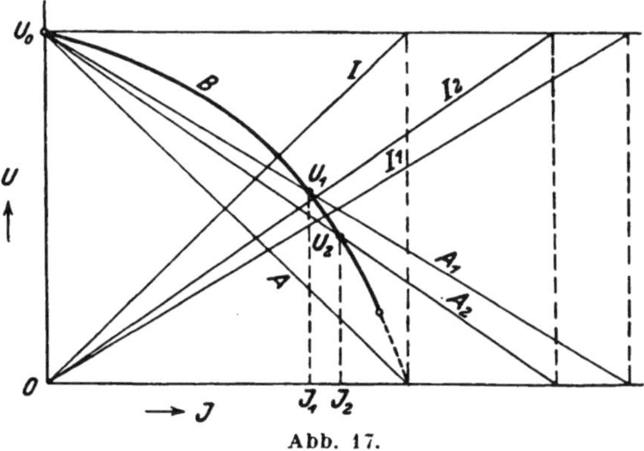

Abb. 17.

gewählt sei, daß ihr Spannungsabfall abhängig vom Strom durch die Gerade I dargestellt wird. Die Spannung hinter den Klemmen dieser Reaktanz abhängig vom Strom wird dann durch die Gerade A dargestellt. Dies ist aber die Belastungscharakteristik des Generators. Damit haben wir das Zustandekommen der Belastungscharakteristik A durch Annahme einer starren Generatorspannung U_0 und durch Einführung einer Reaktanz I ersetzt. Man sieht, daß die Geraden A und I die beiden Diagonalen eines Rechteckes bilden.

Soll der Einfluß der Eisensättigung auf die Belastungscharakteristik berücksichtigt werden (synchrone Reaktanz nicht konstant), dann geht man am besten so vor: Man schätzt zunächst den beim Kurzschluß an irgendeiner Stelle des Netzes zu erwartenden Kurzschlußstrom der Maschine, beispielsweise zu J_1. Durch den hierzu gehörenden Punkt U_1 der

Belastungscharakteristik legt man die Gerade A_1, die man ebenso, wie vorher A, als die Belastungscharakteristik des Generators ansieht. Diese Charakteristik ersetzt man wie vorher durch die starre Maschinenspannung U_0 und eine der Maschine vorgeschaltete Reaktanz, deren Spannungsabfall durch die Gerade $I1$ dargestellt wird. Erhält man bei der noch zu beschreibenden Konstruktion des Kurzschlußdiagrammes einen Generatorstrom J_2, d. h. also, hat man das erstemal den Strom nicht richtig erraten, dann wiederholt man mit der Geraden $I2$ von neuem die Konstruktion des Kurzschlußdiagrammes. Man kann sich auf diese Weise immer mehr dem wahren Kurzschlußstrom nähern. Das Verfahren erscheint auf den ersten Blick langwierig; da aber, wie noch gezeigt werden wird, das Entwerfen der Diagramme für den Kurzschlußstrom eine einfache Sache ist, kommt man rasch zum Ziel. Am besten ist es, gleichzeitig mehrere Diagramme unter Annahme von Strömen J_1, J_2, J_3 zu entwerfen. Gewöhnlich muß die Berechnung der Kurzschlußströme unter verschiedenen Bedingungen erfolgen, beispielsweise unter Annahme des leerlaufenden oder vollbelasteten Generators; man hat dann eben die entsprechenden Charakteristiken der Rechnung zugrunde zu legen.

Arbeiten mehrere Generatoren parallel auf die Sammelschienen, so denkt man sich diese ersetzt durch einen einzigen großen Generator, dem man eine solche Belastungscharakteristik zuerteilt, wie sie die parallel arbeitenden Generatoren besitzen. Man geht dabei so vor, daß man allen Generatoren eine starre Spannung U_0 zuschreibt und annimmt, vor jeden Generator sei eine Reaktanz geschaltet, deren Spannungsabfälle durch Gerade I', I'', ... dargestellt sind. Alle diese Reaktanzen der Generatoren des Kraftwerkes sind dann parallel geschaltet und können durch eine einzige Reaktanz ersetzt werden. Dies ist in Abb. 18 für beispielsweise 2 Generatoren dargestellt. I' und I'' stellen die Spannungsabfälle

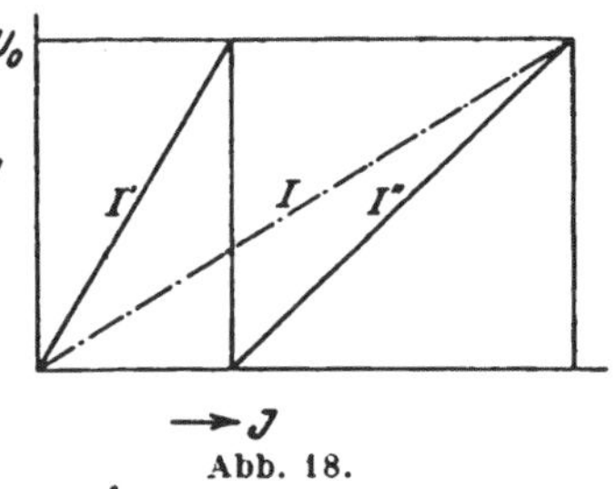

Abb. 18.

in den Reaktanzen dar, die man sich den beiden Generatoren vorgeschaltet denkt. Da sie als parallel geschaltet anzunehmen sind, addieren sich ihre Ströme; deshalb sind sie nebeneinander gezeichnet. Sie können ersetzt werden durch die Wirkung einer einzigen Reaktanz, deren Spannungsabfall abhängig vom Strom durch die Gerade *I* dargestellt ist. So kann man also für alle Generatoren eines Kraftwerkes eine einzige Charakteristik ermitteln, und wir werden in Zukunft nur mehr von den Charakteristiken ganzer Kraftwerke sprechen.

In neuzeitlichen Kraftwerken arbeiten die Generatoren nicht direkt auf die Sammelschienen sondern über Transformatoren, und zwar gehört meist zu jeder Maschine ein Transformator. Man ersetzt bekanntlich die Wirkung des Transformators im Kurzschluß durch eine Reaktanz, deren Größe in bekannter Weise berechnet wird. In dem hier angenommenen Fall ist also in Reihe mit der Generatorreaktanz eine weitere Reaktanz geschaltet. Wie man in diesem Fall die Charakteristik des ganzen Kraftwerkes erhält, ist in Abb. 19 für ein Kraftwerk mit 2 Generatoren und 2 Transformatoren dargestellt; dabei ist der (allerdings seltenere) Fall angenommen, daß die Generatoren verschiedene Klemmenspannungen liefern, die Transformatoren also bei gleicher Sammelschienenspannung verschiedene Übersetzungsverhältnisse besitzen. I' und I'' stellen die Ersatzreaktanzen der beiden Generatoren mit den Spannungen U_0' und U_0'' dar. Hinter den Generator I' ist ein Transformator mit der Ersatzreaktanz $1'$ geschaltet; da diese Reaktanz vom gleichen Strome durchflossen wird wie die Generator-Ersatzreaktanz, ist im Diagramm das Rechteck zur Geraden $1'$ nicht neben sondern über I' mit derselben Basisbreite gezeichnet. Das gleiche gilt für den zweiten Generator und Transformator. Da beide Sätze parallel geschaltet sind, sind ihre Diagramme nebeneinander ange-

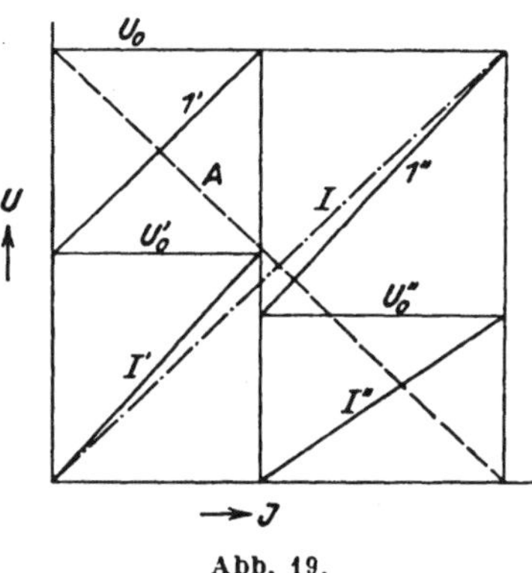

Abb. 19.

ordnet. Die Gerade *I* stellt dann den Spannungsabfall der Ersatzreaktanz für das ganze Kraftwerk dar und die Gerade *A* die Kraftwerkcharakteristik. Natürlich kann hierbei die synchrone Reaktanz als konstant oder als nicht konstant angenommen sein.

In Abb. 20 ist ein Leitungsring dargestellt; dieser kann in den Punkten *a*, *b*, *c* und *d* von den Kraftwerken *A*, *B*, *C* und *D* über die Leitungen *1*, *2*, *3* bzw. *4* gespeist werden. An der Stelle *k* liege der Kurzschluß. Die Reaktanzen der Maschinen und Leitungen sind gegeben. Es sollen nun verschiedene Fälle behandelt werden.

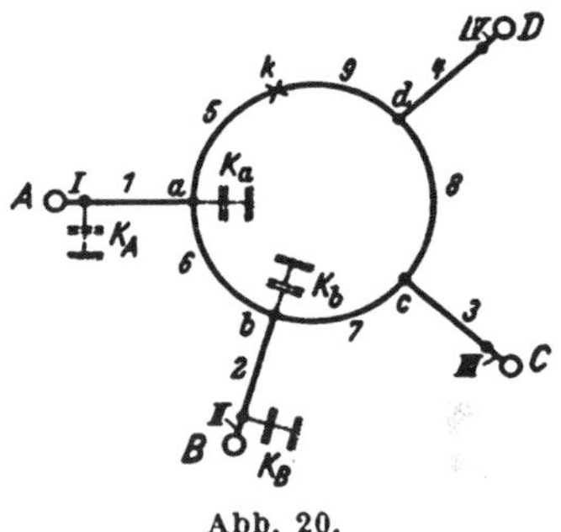

Abb. 20.

D a s K r a f t w e r k *A* s p e i s t a l l e i n d e n R i n g, die übrigen seien abgeschaltet. Im Punkt *a* teilt sich dann der von *A* gelieferte Kurzschlußstrom in zwei Teile, der eine Teil fließt über die Leitung *5*, der andere über die Leitungen *6* bis *9* zu *k*. Beim Entwurf des Diagrammes geht man so vor: Man wählt für den noch unbekannten Strom des Kraftwerkes *A* einebeliebige Strecke *AA'* (Abb. 21) auf der Abszissenachse. Dieser Strom durchfließt die in Reihe geschalteten Reaktanzen *I* des Kraftwerkes und *1* der Speiseleitung. Für diese Reaktanzen kann man die Ersatzreaktanz *I 1* leicht berechnen. Man sucht nun den Spannungsabfall in dieser Ersatzreaktanz, wenn sie vom angenommenen Kurzschlußstrom durchflossen wird. Zu diesem Zweck trägt man von *A* aus die Gerade *I 1* unter einem der Reaktanz entsprechenden Winkel gegen die Abszissenachse auf und erhält den Spannungsabfall *Aa*. Dieser numerisch allerdings noch nicht bekannte Spannungsabfall herrscht vom Kraftwerk bis zum Knotenpunkt *a*.

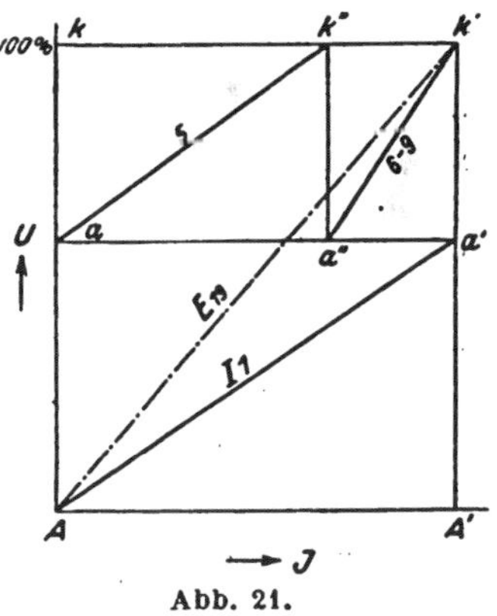

Abb. 21.

Die beiden Ringteile führen verschiedene Ströme, ihre Summe muß aber gleich AA' sein. Diese Ströme müssen deshalb nebeneinander gezeichnet werden, sie sind in der Abb. 21 mit aa'' und $a''a'$ bezeichnet. Da in beiden Ringteilen derselbe Spannungsabfall herrscht, müssen die zu diesen Ringteilen gehörigen Rechtecke gleiche Höhen besitzen. Damit ist das Kurzschlußdiagramm gewonnen. Die Diagonale E_{19} des Rechteckes stellt die Ersatzreaktanz der ganzen Anlage dar.

Es sind nunmehr die numerischen Werte der Ströme zu bestimmen. Die Höhe Ak des großen resultierenden Rechteckes stellt den gesamten Spannungsabfall vom Generator bis zur Kurzschlußstrecke dar, und dieser beträgt 100%, ist also gleich der Spannung U_0. Die resultierende Reaktanz der ganzen Anlage ist ebenfalls bekannt, also kann man den gesamten Kurzschlußstrom sofort angeben und hat damit den Maßstab für die Strecke AA' gewonnen. Mit diesem Maßstab mißt man auch die Strecken aa'' und $a''a'$; damit sind die Ströme in allen Leitern gewonnen. Da der Maßstab der Ordinatenachse auch bekannt ist, kann man die Spannung in jedem Punkt des Netzes angeben.

Will man berücksichtigen, daß die synchrone Reaktanz des Kraftwerkes nicht konstant ist, dann muß man jetzt vergleichen, ob der Strom AA' mit dem übereinstimmt, den man zur Bestimmung der Reaktanz I geschätzt hat. Ergibt die Konstruktion einen anderen Strom, dann wiederholt man das Diagramm mit einer anderen Neigung der Geraden I. Dies ist im vorliegenden Fall sehr einfach; die oberen beiden Rechtecke läßt man unverändert und verschiebt nur die Abszissenachse parallel zu sich selbst nach oben oder unten, je nachdem ob die Neigung der Geraden $I1$ kleiner oder größer werden soll. Dann hat man von neuem den Maßstab des Diagrammes zu berechnen und damit ist die Aufgabe gelöst.

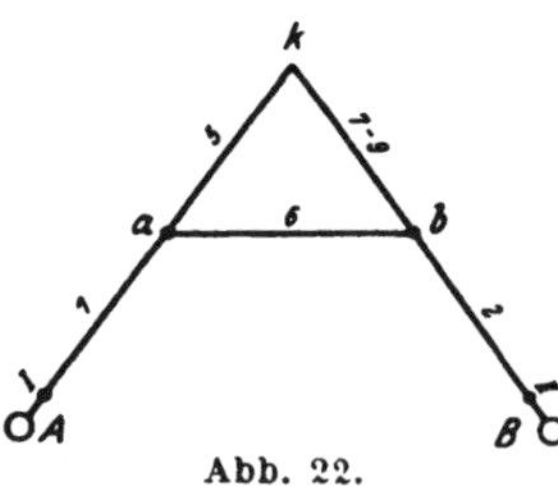

Abb. 22.

Die Kraftwerke A und B speisen den Ring. Ersetzt man die Ringteile durch gerade Linien, so erhält man die Abb. 22.

Es ist klar, daß man dieses Netz wie früher durch Transfigurieren lösen kann. Es soll aber gezeigt werden, daß man hier besser einen anderen Weg geht.

Bekannt ist in diesem Netz, daß die Ströme in den Leitungen *I1*, *5*, *II2* und *7* bis *9* zur Kurzschlußstelle *k* hin gerichtet sind. Unbekannt ist lediglich die Stromrichtung im Leiter *6*. Sie kann nach links, also zum Punkt *a* gerichtet sein; in diesem Fall teilt sich offenbar der Strom des Leiters *II2* in 2 Teile: der eine Teil fließt über die Leitung *7* bis *9* zu *k*, der andere Teil durch den Leiter *6*, nach *a* über *5* und zu *k*.

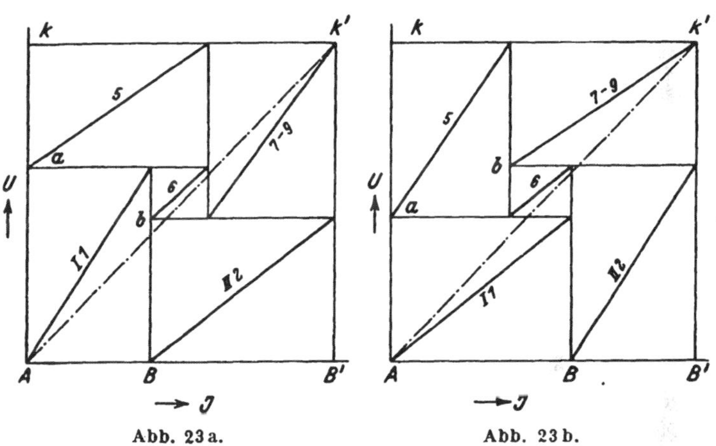

Abb. 23a. Abb. 23b.

Der Strom im Leiter *5* setzt sich also aus dem Strom der Leiter *I1* und *6* zusammen. Der Leiter *6* erscheint in Reihe geschaltet zu *II2* und die Breite des Rechteckes *II2* muß gleich sein der Summe der Breiten der Leiterrechtecke *6* und *7* bis *9*. Anderseits erscheint *6* parallel geschaltet zu *I1*, und da die Summe der Ströme in den beiden Leitern *I1* und *6* gleich dem Strom im Leiter *5* ist, muß die Breite des Leiterrechteckes *5* gleich sein der Summe der Breiten der Leiterrechtecke und *6*. Man sieht, daß das Leitergitter der Abb. 23a diese Bedingungen erfüllt. Es kann aber auch der Strom im Leiter *6* von links nach rechts, also auf den Knotenpunkt *b* hin gerichtet sein. Durch ähnliche Betrachtungen findet man das Leitungsgitter der Abb. 23b. Offenbar ist noch der dritte Fall möglich, daß der Strom im Leiter *6* gleich Null ist; dann müssen die Spannungen in den Knotenpunkten *a* und *b* gleich groß sein und man erhält das Leitungsgitter der Abb. 23c.

Welcher von diesen drei Fällen nun eintritt, ist zwangsläufig durch die Reaktanzen der Leitungen bestimmt. Dies soll durch einen Konstruktionsversuch nachgewiesen werden.

Es soll das Diagramm entworfen werden, natürlich unter der Bedingung, daß die Knotenpunktslinie *k* als oberste Linie des Diagrammes erscheint. Wir beginnen, wie üblich, mit der Leitung *I1* und wählen hierfür eine beliebige Diagramm-

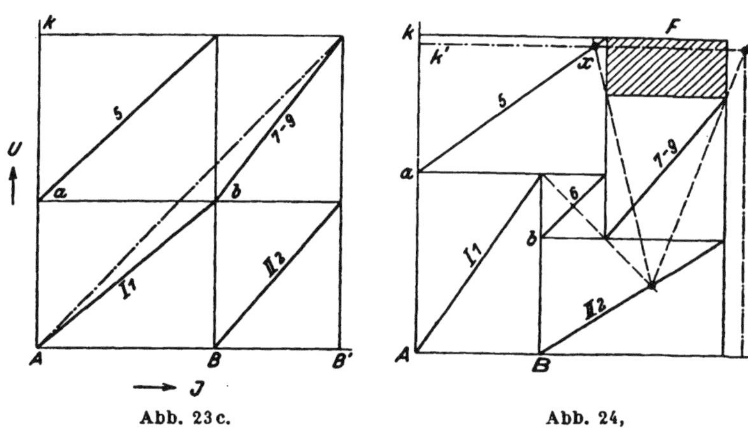

Abb. 23c.

Abb. 24.

breite (Abb. 24). In Reihe geschaltet ist Leitung *5*; aber die Größe dieses Rechteckes kennen wir nicht. Wir nehmen die Höhe *ak* beliebig an. Damit ist auch das Leiterrechteck *5* gegeben. Nun können wir sofort das Rechteck *6* einzeichnen und damit ist auch die Höhe des Leiterrechteckes *II2* eindeutig bestimmt. Endlich können wir nun noch das Leiterrechteck *7* bis *9* einzeichnen und damit sind alle Leiter eingetragen. Nun zeigt sich aber, daß sich die Abbildung nicht zu einem Rechteck schließt, es bleibt ein »Fehlerrechteck« *F* übrig, das aus dem Diagramm verschwinden muß.

Wir wiederholen die Konstruktion nochmals, indem wir für das Leiterrechteck *5* eine andere Höhe annehmen. Leiterrechteck *I1* muß unverändert bleiben. Wir erhalten dann wahrscheinlich wieder ein Fehlerrechteck, das größer oder kleiner als das vorherige sein kann. Setzt man dieses Verfahren fort, dann erhält man eine Reihe von Diagrammen; nehmen wir an, sie wären alle auf Pauspapier gezeichnet, dann kann man sie aufeinander legen, und zwar so, daß sich die Leiterrechtecke *11*, die alle gleich groß sind, decken. Nun verbinden wir die vier Ecken aller Leiterrechtecke *7* bis *9* miteinander und finden, daß sie auf Strahlen liegen, die sich im Punkt *S* schneiden, und zwar liegt der Punkt *S* auf der Diagonale des Leiterrechtecks *112*. Diese Verbindungslinien sind in Abb. 24 gestrichelt eingezeichnet. Daß der Schnittpunkt *S* der Strahlen auf der Diagonale des Leiterrechteckes *112* liegen muß, erkennt man leicht durch folgende Überlegung. Je größer man das Leiterrechteck *5* wählt, um so kleiner wird das Leiterrechteck *7* bis *9*; schließlich schrumpft es auf einen Punkt zusammen und das ist der Punkt *S*.

Nachdem wir nun die geometrischen Örter kennen, auf denen sich die Eckpunkte des Leiterrechteckes *7* bis *9* bewegen, ist es möglich, die richtige Höhe des Leiterrechteckes *5* anzugeben, so daß das Leitungsgitter ein geschlossenes Rechteck ergibt und das Fehlerrechteck gleich Null wird. Man muß bedenken, daß die linke untere Ecke des Rechteckes *7* bis *9* mit der rechten unteren Ecke des Leiterrechteckes *6* zusammenfallen muß. Der geometrische Ort für diese beiden Ecken ist zugleich eine Diagonale (Gegendiagonale) des Leiterrechteckes *6*. Die Richtung dieser Diagonale ist aber durch die Reaktanz der Leitung *6* gegeben.

Da durch die beiden Diagonalen der Rechtecke *6* und *112* der Schnittpunkt *S* festliegt, brauchen wir das Diagramm nur einmal probeweise zu entwerfen, wie beispielsweise Abb. 24 zeigt, und können sofort die geometrischen Örter einzeichnen. Das Leiterrechteck *5* hat die richtige Höhe, wenn seine rechte obere Ecke mit der linken oberen Ecke des Rechteckes *7* bis *9* zusammenfällt. Da sich nun die letztgenannte Ecke auf der Geraden Sx bewegt, gibt der Schnittpunkt x die richtige Höhe des Rechteckes *5* an und wir entwerfen mit dieser Höhe das Leitungsgitter und müssen nun ein geschlossenes Rechteck erhalten. Nebenbei sei bemerkt, daß man noch andere geometrische Örter zur Lösung der Aufgabe auffinden kann.

Natürlich hätte man diese Konstruktion auch bei der früher behandelten Aufgabe (Abb. 12) statt der Methode der Transfiguration anwenden können. Man muß dabei die Belastungen in *a* und *b* auf *c* verwerfen und dadurch wird die Lösung etwas umständlich; daher wird dort die Anwendung der Transfiguration empfohlen.

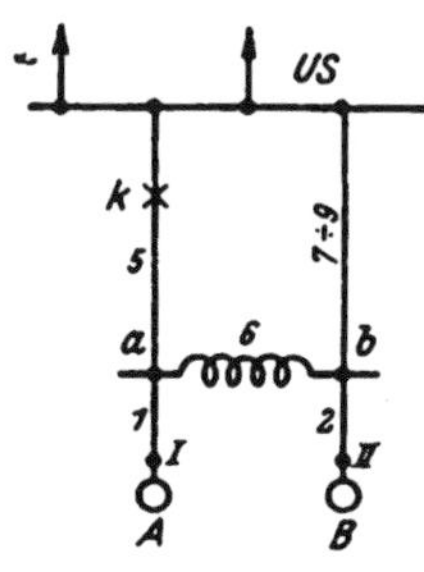

Abb. 25.

Man wird zugeben, daß keine der bekannten Kurzschlußberechnungen das Resultat, nämlich die Strom- und Spannungsverteilung im Netz und auf die Kraftwerke in so übersichtlicher Weise erkennen läßt, wie dieses Diagramm.

Nach der Schaltung der Abb. 25 arbeiten zwei Generatoren *A* und *B* auf die Sammelschienen *a* und *b*, welche durch die Drosselspule *6* gekuppelt sind. Von den Sammelschienen gehen zwei Speiseleitungen zu einer Unterstation *US*; auf einer dieser Speiseleitungen liegt der Kurzschluß *k*. Diese Anordnung führt zu den gleichen Diagrammen, wie sie in Abb. 23a bis *c* dargestellt sind. Um den Vergleich zu erleichtern, sind in Abb. 25 die Bezeichnungen entsprechend gewählt.

Die Kraftwerke *A*, *B* und *C* speisen den Ring. Die Zahl der möglichen Diagramme ist hier noch größer; zwei hiervon sind in Abb. 26a und b dargestellt. Man sieht, daß durch die

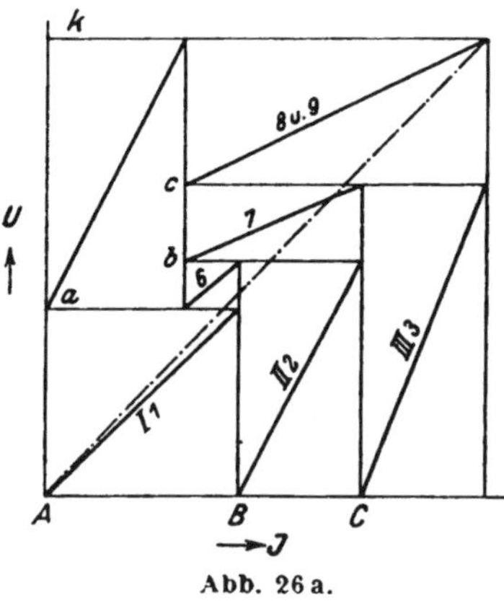

Abb. 26 a.

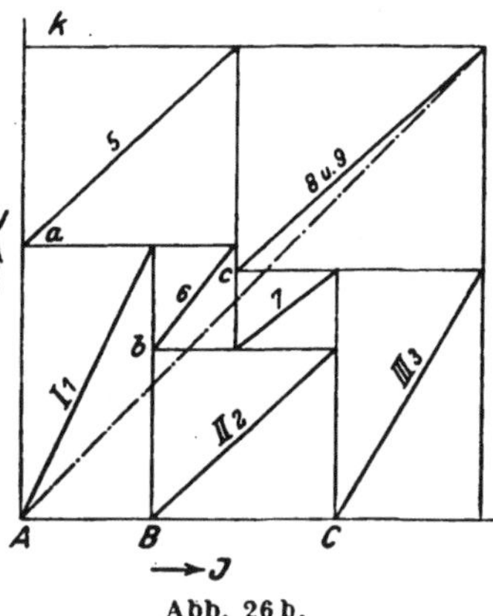

Abb. 26 b.

Lage der Rechtecke *6* und *7* die verschiedenen Fälle bedingt sind. Deren Lage entscheidet, ob ein Kraftwerk den Kurzschluß nur über einen Ringteil oder über beide Ringteile, d. h.

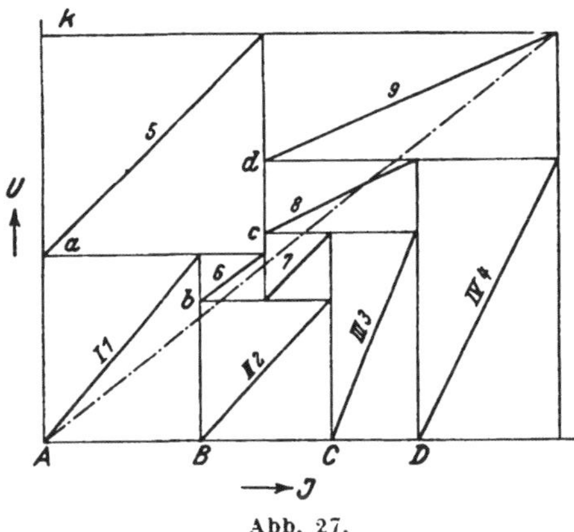

Abb. 27.

von zwei Seiten speist. Es kann auch eines dieser Rechtecke verschwinden; dies besagt dann, daß die betreffende Leitung beim Kurzschluß stromlos ist.

Alle Kraftwerke speisen auf das Netz. Aus der großen Mannigfaltigkeit der möglichen Fälle ist in Abb. 27 nur ein Fall gezeichnet.

Es ist nun noch zu zeigen, wie man solche, etwas kompliziert aussehende Diagramme entwirft. Hierzu wählen wir eine Ringleitung, auf die wie vorher 4 Kraftwerke arbeiten, die aber noch die beiden Diagonalleitungen *8* und *10* aufweisen (Abb. 28). In *k* sei die Kurzschlußstelle. Dieser Fall ist noch etwas verwickelter als der ohne Diagonalleitungen.

Wir gehen so vor, daß wir in die Leitungen Strompfeile eintragen und zwar so, daß sich eine physikalisch mögliche Stromverteilung ergibt (Abb. 28). In den Reaktanzen der Leitungen *1* bis *4* sollen auch die Generatorreaktanzen mit eingeschlossen sein.

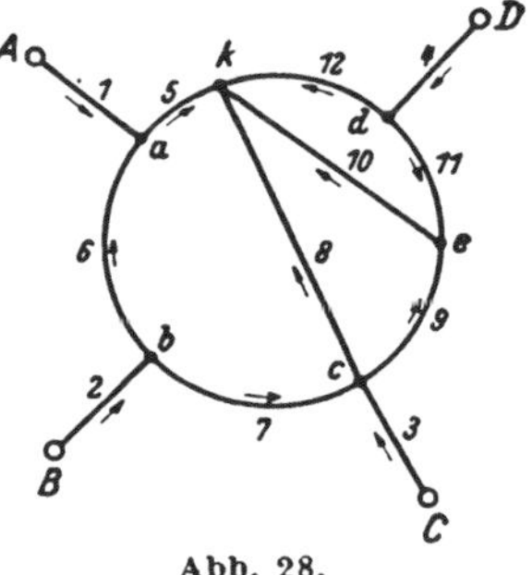

Abb. 28.

Über das zu entwerfende Diagramm weiß man folgendes:

1. *k* muß die oberste Linie des Gitters werden.
2. Die Leitungen *5*, *8*, *10*, *12* müssen an dieser Linie endigen, die zugehörigen Rechtecke liegen mit ihren oberen Breitseiten auf der *k*-Linie.
3. Die Leitungen *1*, *2*, *3*, *4* müssen von der Abszissenachse ausgehen, da sie von Speisepunkten kommen; ihre unteren Rechtecks-Breitseiten liegen auf der Abszissenachse.
4. Die Rechtecke der Leitungen *6*, *7*, *9*, *11* sind zwischen diesen Rechtecken eingeschachtelt, sie beginnen weder auf der Abszissenachse, noch endigen sie auf der *k*-Linie. Sie erscheinen zu einem der Nachbarleiter in Reihe, zum andern parallel geschaltet.
5. Es müssen also sein:

   die Breiten der Rechtecke *1* und *6* gleich der Breite des Rechteckes *5*;

   die Breiten der Rechtecke *6* und *7* gleich der Breite des Rechteckes *2*;

   die Breiten der Rechtecke *3* und *7* gleich der Breite der Rechtecke *8* und *9*;

   die Breiten der Rechtecke *9* und *11* gleich der Breite des Rechteckes *10*;

   die Breiten der Rechtecke *11* und *12* gleich der Breite des Rechteckes *4*.

Danach ergibt sich Leitungsgitter der Abb. 29, das nach dem eben entwickelten Plan hinsichtlich der Lagen der Rechtecke nicht schwer zu entwerfen ist. Man beginnt mit der Leitung *1* und wählt hierfür eine Rechtecksgröße. Dann wählt man die Größe des Leiterrechteckes *5*, wobei darauf zu achten ist, daß bei der gewählten Stromverteilung das Rechteck *6* vorgeschaltet erscheinen muß. Damit ist das Leitungsgitter zwangsläufig festgelegt und kann leicht entworfen werden. Schließlich wird sich zeigen, daß sich das ganze Leitungsgitter nicht zu einem Rechteck schließt, es wird ein Fehlerrechteck übrigbleiben. Um die richtige Größe des Rechteckes *5* zu erhalten, zeichnen wir die geometrischen Örter ein für die 4 Ecken eines jeden Leiterrechteckes. Zur einfacheren Erklärung bezeichnen wir die linken oberen und unteren Ecken eines jeden Rechteckes mit *o* bzw. *u* und die rechten oberen und unteren Ecken mit *p* und *q*; die daneben stehende Zahl gibt die Nummer der Leitung bzw. des zugehörigen Rechteckes an. Die Schnittpunkte der geometrischen Örter bezeichnen wir mit römischen Zahlen, wobei die Zahlen angeben, zu welchem Rechteck der Schnittpunkt gehört.

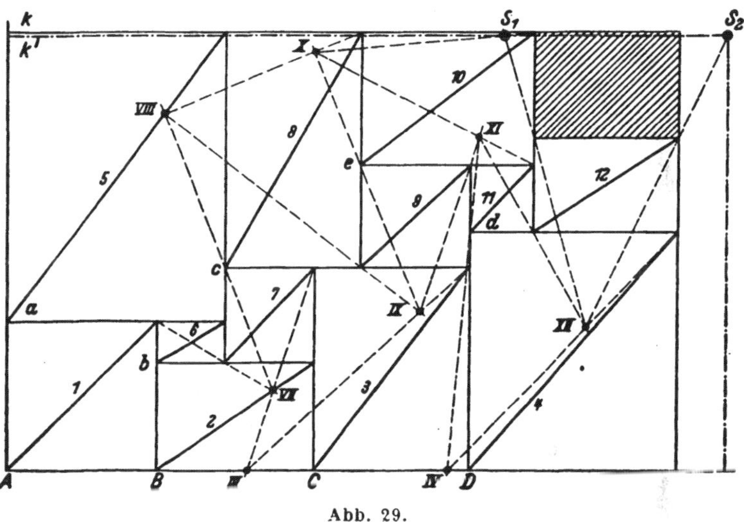

Abb. 29.

Die geometrischen Örter des Rechteckes *7* können wir ohne weiteres zeichnen, da wir wissen, daß ihr Schnittpunkt *VII* auf der Diagonalen des Rechteckes *2* liegen muß und die Diagonale *6* zu diesem Schnittpunkt führt.

Nun ist *7o* und *8u* derselbe Punkt. Der Strahl von *VII* nach *7o* muß also zugleich ein geometrischer Ort für 8*u* sein. Für das Rechteck *8* ist uns schon ein geometrischer Ort bekannt; es liegen nämlich *8o* und *5p* aufeinander und auf der Diagonalen *5*. Also muß der Schnittpunkt des Strahles, der von *VII* nach *7o* geht, mit der Diagonalen *5* den Schnittpunkt der geometrischen Örter des Rechteckes *VIII* ergeben. Von *VIII* aus zeichnet man noch die beiden Strahlen nach *8p* und 8*q*.

Der Strahl von *VII* nach *7p* ist zugleich der geometrische Ort für die Ecke *3u*; die Ecken *3u* und *3q* liegen auf der Abszissenachse. Der genannte Strahl schneidet die Abszissenachse im Punkt *III*. Dies muß der Schnittpunkt der geometrischen Örter des Rechteckes *3* sein; also verbinden wir noch die Ecke *3p* mit *III*.

Die Ecken *8q* und *9u* liegen aufeinander, haben also den gleichen geometrischen Ort; ebenso liegen die Ecken *3p* und *9q* aufeinander und auf dem gleichen geometrischen Ort. Beide geometrischen Örter sind bekannt, also muß ihr Schnittpunkt *IX* der Schnittpunkt der geometrischen Örter des Rechteckes *9* sein. Man zeichnet von *IX* aus die Strahlen nach *9o* und *9p*.

In dieser Weise fährt man fort bis man alle geometrischen Örter gefunden hat. Zum Schluß ergibt sich der Schnittpunkt S_1, auf welchem die Ecken *10p* und *12o* liegen müssen. Legt man durch S die Parallele zur Abszissenachse, so hat man zugleich die Knotenpunktslinie k', durch welche die Höhe des gesamten Rechtseckes gegeben ist und damit ist auch die Höhe des Rechteckes *5* gefunden. Mit dieser Höhe beginnt man die Konstruktion von vorne und es muß sich dann ein geschlossenes Hauptrechteck ergeben. Bei der Konstruktion ergibt sich dann ohne weiteres, ob die eingeschachtelten Rechtecke ihre Lage beibehalten und damit die angenommene Stromverteilung richtig war.

Man kann nun in bekannter Weise die Größe des ganzen Kurzschlußstromes und damit die Verteilung der Ströme und Spannungen auf die einzelnen Leiter sowie auf die Kraftwerke und einzelnen Maschinen finden und die Aufgabe ist gelöst.

Wer sich öfter mit solchen Aufgaben beschäftigt und die geometrischen Örter aufsucht, wird bald erkennen, daß hier ein gewisses System vorhanden ist. Kurz gesagt handelt es sich um folgendes. Für jedes Leiterrechteck muß man zunächst zwei Strahlen haben, um den Schnittpunkt der geometrischen Örter zu finden. Hat man diesen, so kann man auch noch die Strahlen zu den beiden andern Eckpunkten ziehen. Damit gewinnt man wieder geometrische Örter für die benachbarten Leiterfelder.

Die ersten zwei Strahlen eines Rechteckes, die den Schnittpunkt der vier Strahlen liefern, gehen

1. bei allen auf der Abszissenachse liegenden Rechtecken zu den Punkten *o* und *u* (und *q*);
2. bei allen ganz oben liegenden Rechtecken zu den Ecken *u* und *o*;
3. bei den eingeschachtelten Rechtecken zu den Ecken *u* und *q*.

Es gibt in der Praxis natürlich noch verwickeltere Netze als die betrachteten. Die graphische Methode ist so weit ausgebaut, daß man wohl alle praktisch vorkommenden Netze behandeln kann. Wer aber ein Netz zu projektieren hat, wird die Konfiguration der Leiter so wählen, daß sich ein möglichst einfaches Netz ergibt, weil bei solchen Netzen der Betrieb und die Anlage des Selektivschutzes einfacher ist; solche Netze aber können mit der Methode, soweit sie hier entwickelt wurde, behandelt werden. Es kann darauf verzichtet werden, noch schwierigere Netze zu behandeln.

c) Kapazitive Netze. Wie bereits erwähnt wurde, können die kapazitiven Ströme in Netzen mit langen Leitungen, besonders wenn sie verkabelt sind, beim Kurzschluß nicht mehr vernachlässigt werden. Durch sie wird die ganze Stromverteilung verzerrt. Für den Schutz der Netze ergeben sich wesentlich andere Forderungen; denn durch die kapazitiven Ströme tritt eine Verkleinerung der Ströme ein in Richtung von der Kurzschlußstelle nach den Kraftwerken. Bisher hat man den Einfluß der kapazitiven Ströme beim Kurzschluß vernachlässigt; die graphische Methode gestattet, sie genau zu berücksichtigen, ohne daß dadurch die Konstruktion der Diagramme wesentlich erschwert wird.

Der Verfasser hat bei einer anderen Gelegenheit[1]) gezeigt, daß man auch in rein kapazitiven Netzen die Strom- und Spannungsverteilung durch »Leitungsgitter«, wie wir sie im 3. Teil kennengelernt haben, darstellen kann. Das ist auch einleuchtend; denn auch für einen Kondensator wird der Zusammenhang zwischen Ladestrom und Spannung durch eine lineare Beziehung dargestellt. Da nun in einem Stromkreis

---

[1]) Schwaiger, Elektrische Festigkeitslehre, 2. Aufl., Springer Berlin 1925, S. 129 u. ff.

mit Induktivitäten und hierzu parallel geschalteten Kapazitäten die zugehörigen Ströme in Opposition stehen, können sie algebraisch subtrahiert werden, und deshalb ist ihre Darstellung durch ein Leitungsgitter möglich.

Dies soll an einem einfachen Beispiel gezeigt werden. An die Klemmen A und A'' seien eine induktive und eine kapazitive Reaktanz in Parallelschaltung angeschlossen. Nach Abb. 30 ist der Spannungsabfall in der Induktivität durch die Gerade *1'* in bekannter Weise dargestellt. Wäre hierzu eine Induktivität parallel geschaltet, so müßte sie im Diagramm eingetragen werden, wie die gestrichelte Gerade *2* zeigt; die Ströme in den beiden Reaktanzen würden sich addieren, zu den Klemmen A und A'' müßte also ein Strom gleich der Summe dieser beiden Ströme zugeführt werden. Ist aber der Kondensator K parallel geschaltet, dann muß die Gerade K_a von A'' aus nach links aufgetragen werden; der kapazitive Strom $A''A'$ wird also von AA'' subtrahiert. Zu den Klemmen der Parallelschaltung braucht nur mehr der Strom AA' zugeführt werden. Offenbar wirkt die ganze Anordnung wie eine resultierende Reaktanz *1*. Läßt man die Kapazität immer größer werden, dann wird schließlich der resultierende Strom gleich Null (Fall der Resonanz) oder gar negativ; dann geht die Neigung der Geraden *1* nach der anderen Seite, die ganze Anordnung wirkt kapazitiv. Man sieht, daß man durch dieses Diagramm zugleich Aufschluß über eine etwaige Resonanzgefahr bei Kurzschluß erhält.

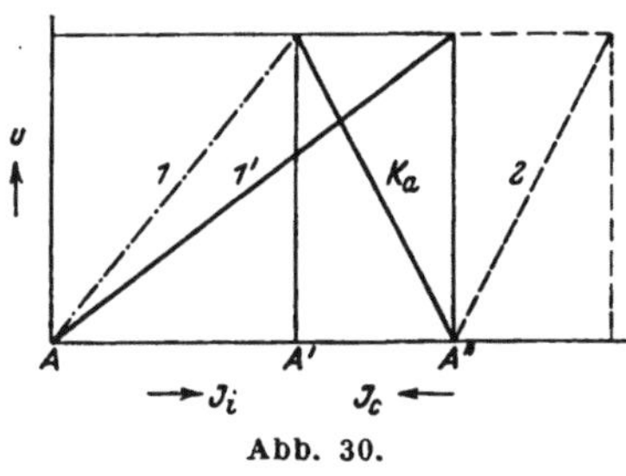

Abb. 30.

Es soll nun zum praktischen Fall der Ringleitung übergegangen werden. Man berechnet die Kapazitäten der einzelnen Leitungen und nimmt diese entweder als in der Mitte eines Leitungsstranges konzentriert an oder man verteilt sie auf die beiden benachbarten Knotenpunkte. Im folgenden soll die letztgenannte Ersatzschaltung gewählt werden. Die Kapazitäten sind in Abb. 20 eingezeichnet.

Das Kraftwerk A arbeitet auf den Ring. Man kann die Konstruktion des Diagrammes wieder beim Kraftwerk beginnen. Es soll hier zur Abwechslung der andere Weg eingeschlagen werden, nämlich wir beginnen die Konstruktion mit der Kurzschlußstelle (Abb. 31). Die Leitungen *5* und *6* bis *9* sind parallel geschaltet, besitzen also den gleichen Spannungsabfall. Wir nehmen für beide Leitungen eine beliebige Strecke kk'' als gemeinsamen Strom an und zeichnen die zu beiden Ringteilen gehörigen Rechtecke mit den Diagonalen *5* und *6* bis *9*. Es ergibt sich dann das Rechteck $akk''a''$. Die Kapazität K_a ist hierzu parallel geschaltet, da die Kurzschlußstelle entweder aus Symmetriegründen oder, weil der Kurzschluß zugleich Erdschluß ist, das Potential Null gegen Erde hat. Deshalb ist die Gerade K_a von a'' aus nach links oben eingetragen.

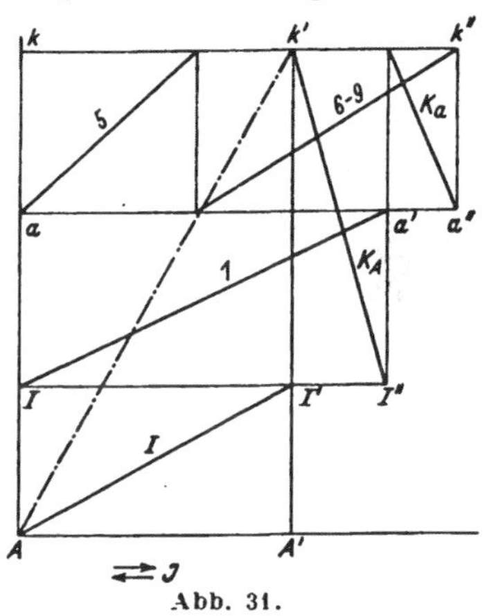

Abb. 31.

Durch die Leitung *1* fließt jetzt also nicht mehr der ganze Kurzschlußstrom sondern nur mehr der Strom aa'. Man trägt nun von a' aus die Gerade *1* bis zum Schnittpunkt mit der Ordinatenachse ein und erhält den Punkt I und das zu *1* gehörige Rechteck. Durch die Reaktanz I fließt aber nicht der ganze Strom $I\,I''$, sondern der um den Kapazitätsstrom $I'I''$ verkleinerte Strom, der von der Kapazität K_A herrührt. Dabei ist zu beachten, daß an diesem Kondensator die Spannung kI liegt. Durch die Reaktanz des Kraftwerkes fließt also der Strom II'. Vom Punkt I' trägt man die Gerade I nach links unten auf und erhält den Schnittpunkt A mit der Ordinatenachse. Durch diesen Punkt legt man die Abszissenachse für das ganze Gitter. Vom Kraftwerk fließt also nicht der ganze Kurzschlußstrom, sondern nur mehr der Strom aa', der kleiner ist als der Kurzschlußstrom an der Stelle k. Die gestrichelte Gerade stellt wieder die Ersatzreaktanz für den ganzen Stromkreis dar, mit deren Hilfe man die Maßstäbe gewinnt.

Die Kraftwerke A und B speisen den Ring. Diesen Fall zeigt Abb. 32; eine weitere Erklärung hierzu ist wohl nicht mehr notwendig. Auf die Wiedergabe weiterer Diagramme wird verzichtet, da etwas Neues nicht mehr hinzukommt.

Die resultierende Reaktanz einer ganzen Anlage wurde in den Diagrammen durch die Diagonale des alle kleinen Rechtecke einschließenden großen Rechteckes dargestellt. Die andere Diagonale dieses Rechteckes können wir als die Belastungscharakteristik der ganzen Anlage, bezogen auf den Kurzschluß-

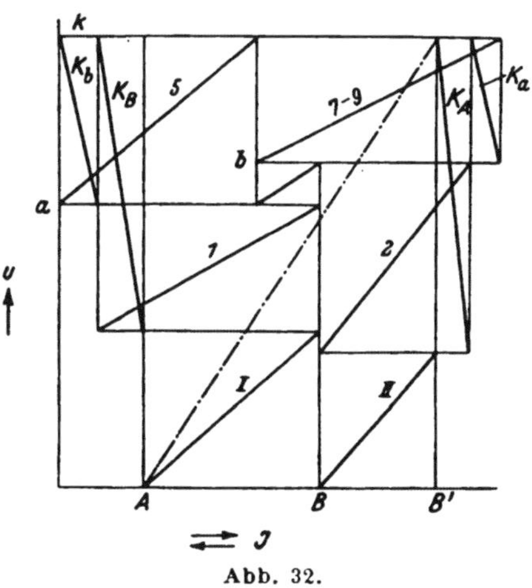

Abb. 32.

punkt k auffassen, d. h. wenn ein Generator eine synchrone Reaktanz gleich der resultierenden Reaktanz der ganzen Anlage hätte, würde er eine Belastungscharakteristik aufweisen, welche durch die genannte Diagonale dargestellt ist.

Sind zwei große Überlandwerke miteinander gekuppelt und will man die Kurzschlußströme im eigenen Werk ermitteln, so muß die Charakteristik des fremden Werkes bezogen auf die Kupplungsstelle bekannt sein. Diese Charakteristik kann man sich in folgender Weise verschaffen. Man entnimmt aus dem fremden Werk einen reinen Blindstrom und beobachtet Strom und Spannung an der Kupplungsstelle. Auch aus dem Verhalten des Selektivschutzes und der Spannungsabfallanzeiger, die an der Kupplungsstelle eingebaut sind, kann man Punkte der Belastungscharakteristiken gewinnen, wenn sie während eines Kurzschlusses im eigenen Netz beobachtet werden können.

Die oben angegebenen Kurzschlußdiagramme können natürlich beliebig vermehrt werden, die Anwendung der graphischen Methode ist nicht auf Ringnetze beschränkt. Freilich, je mehr verknotet und vermascht ein Netz ist, um so mehr Arbeit bereitet die Aufstellung der Diagramme. Man kann sich sogar Netze denken, welchen die graphische Methode, soweit sie bis jetzt ausgearbeitet ist, nicht mehr gewachsen ist. Solche Netze sind dann allerdings auch rechnerisch nicht mehr einfach zu erfassen. Stößt man in der Praxis auf ein solches Netz, dann kann man mit Sicherheit sagen, daß diese Anlage nur nach dem »Gefühl« entworfen, aber keinesfalls berechnet wurde. Nur bei einfachen, übersichtlichen Anlagen können die Störungen bei Kurzschlüssen und Überlastungen auf ein Mindestmaß herabgedrückt werden; das ist der springende Punkt.

Dritter Teil. Fernleitungen.

1. Übersicht.

Wie bereits früher dargelegt wurde, liegen bei den Fernleitungen andere Verhältnisse und Bedingungen vor als bei den Niederspannungsleitungen und Mittelspannungsnetzen. Erstens gibt es bei den Fernleitungen nur Großabnehmer und meist sind diese Großabnehmer Kraftwerke, die ein Mittelspannungsnetz speisen. Die Fernleitungen sind dann ihrem Wesen nach Kupplungsleitungen von Großkraftwerken. Bei der Berechnung dieser Leitungen muß man besonders beachten, daß über die Fernleitung hinweg ein Parallelbetrieb zwischen den Kraftwerken möglich ist. Zweitens stellt sich auf den Fernleitungen die zu übertragende Energie nicht willkürlich ein, d. h. nach dem natürlichen Bedarf der Verbraucher, sondern sie wird in jeder Leitung nach einem von einer Zentralstelle aufgestellten Plan mit Rücksicht auf größte Wirtschaftlichkeit zwangsmäßig einreguliert.

Vom Standpunkt der Leitungsberechnung aus betrachtet heißt dies, daß die Kupplungsleitungen zwischen je zwei Kraftwerken als einfache offene, nur am Ende belastete Leitungen aufgefaßt werden müssen, wobei die Phasenstellung der Spannungen am Anfang und Ende der Leitung nicht mehr vernachlässigt werden darf mit Rücksicht auf den Parallelbetrieb. Natürlich kann Anfang und Ende der Leitung beliebig wechseln, d. h. Energie kann wahlweise in beiden Richtungen übertragen werden.

Bei solchen einfachen, nur am Ende belasteten Leitungen unterscheiden wir drei Hauptformen der Energieübertragung je nach den gegebenen und gesuchten Größen.

Bei der ersten Hauptform der Energieübertragung ist der vollständige Betriebszustand an einem der beiden Enden gegeben, also z. B. die Spannung U_2 und die Leistungen N_{w2} und N_{b2}. Hier liegt dann die Aufgabe vor, die erforderlichen

Betriebszustände am Anfang der Leitung (Generatorende) zu finden.

Bei der zweiten Hauptform der Energieübertragung sind die Spannung an dem einen Ende und die Leistungen am anderen Ende gegeben. Dieser Fall liegt beispielsweise vor, wenn die Spannung U_1 am Leitungsanfang (Generatorende) konstant gehalten werden muß und es ist die Spannung am Leitungsende abhängig von den dort entnommenen Leistungen N_{w2} und N_{b2} zu bestimmen.

Bei der dritten Hauptform der Energieübertragung ist die Spannung am Anfang der Leitung gegeben, ferner der Leitwert der Belastung am Ende der Leitung. Zu bestimmen sind die Spannung am Ende der Leitung und die Leistungen am Anfang der Leitung. Diese Aufgabe liegt beispielsweise vor, wenn am Ende der Leitung ein leerlaufender Transformator eingeschaltet ist, oder auch wenn eine Leitung ohne Transformator leerläuft, ein Fall, den wir später noch eingehend behandeln werden.

Wie der Name schon sagt, handelt es sich bei Fernleitungen um die Übertragung der elektrischen Energie auf große Entfernungen. Man kann bei der Untersuchung solcher Leitungen zwei Wege gehen. Entweder nimmt man erstens der Wirklichkeit folgend an, daß die Widerstände und Leitwerte unendlich fein verteilt sind. Am besten bedient man sich dann des von F. Emde angegebenen Verfahrens. F. Emde hat gezeigt, daß man die Fernleitung in einem Sinusrelief und Tangensrelief durch eine gerade Linie abbilden kann. Die Schnittpunkte dieser Linie mit den Höhenlinien und Falllinien der Reliefs geben sofort die Zustände auf der Leitung an. Dieses Verfahren ist von unübertrefflicher Einfachheit; die einzige Arbeit, die man zu erledigen hat, besteht darin, aus den Daten der Leitung und der vorgeschriebenen Belastung die Lage der Linie in den Reliefs zu bestimmen. Diesen Weg wollen wir im folgenden nicht gehen. Die Fernleitungen, mit denen man es in der Starkstrompraxis zu tun hat, sind nämlich entweder nicht sehr lang, oder wenn sie sehr lang sind, werden sie durch Unterstationen und Abnahmestellen in Einzelstrecken unterteilt, die man wieder als kurze Leitungen auffassen kann.

Der zweite Weg, der hier eingeschlagen werden soll, ist dadurch gekennzeichnet, daß man die Fernleitung durch eine Ersatzschaltung von Widerständen und Leitwerten darstellt, und zwar bedient man sich am besten der in Abb. 33 dargestellten Schaltung. Im übrigen ist die Anwendung dieser Schaltung nicht auf kurze Leitungen beschränkt, man kann sie für Leitungen beliebiger Länge anwenden, wenn man nur die Widerstände und Leitwerte der Ersatzschaltung richtig berechnet. Wie man diese Werte für sehr lange Leitungen zu

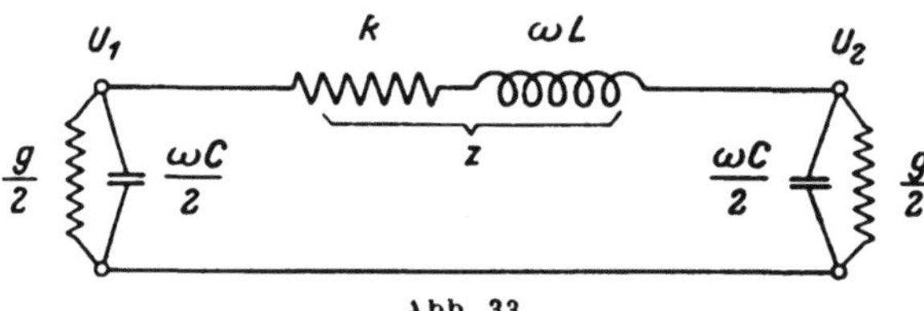

Abb. 33.

berechnen hat, wird später gezeigt. Hier mag es genügen darauf hinzuweisen, daß man für Leitungen mit Längen bis zu 200 km (Freileitungen) bzw. 100 km (Kabel) die Widerstände und Leitwerte der Ersatzschaltung einfach durch Multiplikation der kilometrischen Werte mit der Länge der Leitung erhält. Mit Entfernungen von mehr als 200 km zwischen zwei Stationen hat man es nur sehr selten zu tun. Im übrigen ist die genaue Berechnung der Ersatzwiderstände und Ersatzleitwerte nicht schwierig, wie später gezeigt wird.

Es herrscht vielfach die Meinung, daß die Rechnung mit Ersatzschaltungen »Näherungsrechnungen« darstellen. Dies ist nicht richtig. Wir erhalten auch bei der Rechnung mit Ersatzwiderständen und Ersatzleitwerten vollkommen genaue Resultate, wenn wir nur ihre Größe richtig bestimmen. Dies muß wohl beachtet werden.

In der Literatur findet man immer wieder Näherungsmethoden für die Berechnung langer Leitungen. Es ist aber nicht nötig, nach Näherungsmethoden zu suchen, da die genauen Methoden tatsächlich einfacher als die Näherungsmethoden sind. Das ist der Grund, warum hier auf keine der in der Literatur bekannt gewordenen Näherungsmethoden eingegangen wird.

2. Erste Hauptform der Energieübertragung.

Wie bereits erwähnt wurde, sind bei der ersten Hauptform der Energieübertragung gegeben die Wirk- und Blindleistung und die Spannung beim Verbraucher. Gesucht sind die Belastungsverhältnisse sowie die Spannung am Anfang der Leitung und der Phasenwinkel zwischen den Spannungen am Anfang und Ende der Leitung.

Vielfach ist die Aufgabe so gestellt, daß die Spannung beim Verbraucher bei allen aus der Fernleitung entnommenen Wirkleistungen konstant sein soll. Liegt der Fall so, daß gleichzeitig auch noch die Spannung am Anfang der Leitung konstant sein soll, vielleicht sogar gleich groß wie die Verbraucherspannung, dann schließt sich noch die Aufgabe an, zu ermitteln, welche Blindleistung beim Verbraucher einreguliert werden muß bzw. wie groß der aufzustellende Reguliertransformator werden muß. Alle diese Aufgaben lassen sich an Hand eines einfachen Diagrammes lösen.

Man erkennt, daß die erste Hauptform der Energieübertragung meist beim Zusammenarbeiten zweier oder mehrerer Kraftwerke über eine lange Kuppelleitung vorliegt.

Die Lösung der Aufgabe ist in der Literatur mehrfach behandelt. Der Verfasser möchte aber diesen Darstellungen nicht folgen, sondern zeigen, daß das Problem viel allgemeiner und einfacher gelöst werden kann und daß sich auch der Wirkungsgrad der Energieübertragung in das Diagramm einführen läßt.

a) Spannungsverhältniskreise. Wie bereits erwähnt wurde, stellt Abb. 2 das Diagramm für die von uns gewählte Ersatzschaltung dar. Nach diesem Diagramm ist

$$U_1^2 = (U_2 + \Delta U)^2 + \delta U^2; \quad \ldots\ldots \quad (29)$$

oder wenn man die Werte für ΔU und δU substituiert

$$U_1^2 = (U_2 + R J_w + \omega L J_b)^2 + (\omega L J_w - R J_b)^2; \quad . \quad (30)$$

beide Seiten der Gleichung mit $\left(\frac{1}{U_2}\right)^2$ multipliziert, ergibt

$$\left(\frac{U_1}{U_2}\right)^2 = \left(1 + R\frac{J_w}{U_2} + \omega L\frac{J_b}{U_2}\right)^2 + \left(\omega L\frac{J_w}{U_2} - R\frac{J_b}{U_2}\right)^2.$$

Nun ist
$$J_w = \frac{N_{w2}}{U_2}; \quad J_b = \frac{N_{b2}}{U_2};$$
durch Einsetzen findet man
$$\left(\frac{U_1}{U_2}\right)^2 = \left(1 + R\,\frac{N_{w2}}{U_2^2} + \omega L\,\frac{N_{b2}}{U_2^2}\right)^2 + \left(\omega L\,\frac{N_{w2}}{U_2^2} - R\,\frac{N_{b2}}{U_2^2}\right)^2.$$

Wir denken uns die Spannung U_2 konstant gehalten und die Leitung am Anfang kurzgeschlossen; das ist der Fall des sog. verkehrten Kurzschlusses. Es ist dann
$$J_{Kr} = \frac{U_2}{\sqrt{R^2 + \omega^2 L^2}} = \frac{U_2}{z};$$
und die Scheinleistung bei diesem Kurzschluß ist
$$J_{Kv}\, U_2 = N_{Kr} = \frac{U_2^2}{z}; \quad . \; . \; . \; . \; . \; . \; . \quad (31)$$
oder
$$U_2^2 = z\, N_{Kr}.$$

Wir erhalten also
$$\left(\frac{U_1}{U_2}\right)^2 = \left(1 + \frac{R}{z}\,\frac{N_{w2}}{N_{Kr}} + \frac{\omega L}{z}\,\frac{N_{b2}}{N_{Kr}}\right)^2 + \left(\frac{\omega L}{z}\,\frac{N_{w2}}{N_{Kr}} - \frac{R}{z}\,\frac{N_{b2}}{N_{Kr}}\right)^2.$$

Die Phasenverschiebung beim verkehrten Kurzschluß erhalten wir zu
$$\operatorname{tg}\psi = \frac{\omega L}{R} = \frac{\omega L_0}{R_0};$$
der Winkel ψ ist also lediglich durch die Beläge der Leitung bestimmt. Da z_0 der Impedanzbelag der Leitung ist, können wir auch schreiben
$$\cos\psi = \frac{R}{z} = \frac{R_0}{z_0}; \quad \sin\psi = \frac{\omega L}{z} = \frac{\omega L_0}{z_0}.$$

Ferner ist, wenn N_2 die Scheinleistung des Verbrauchers ist,
$$N_{w2} = N_2 \cos\varphi_2; \quad N_{b2} = N_2 \sin\varphi_2;$$
wobei φ_2 die Phasenverschiebung zwischen Strom und Spannung beim Verbraucher ist.

Wir setzen diese Werte ein und beachten die Beziehungen zwischen den Kreisfunktionen zweier Winkel; dann ergibt sich
$$\left(\frac{U_1}{U_2}\right)^2 = \left[1 + \frac{N_2}{N_{Kr}}\cos(\psi - \varphi_2)\right]^2 + \left[\frac{N_2}{N_{Kr}}\sin(\psi - \varphi_2)\right]^2 \quad (32)$$

Das ist die Hauptgleichung für die erste Form der Energieübertragung. Man sieht, daß in dieser Gleichung keine Absolutwerte von Spannungen und Leistungen vorkommen, sondern nur Verhältniswerte, und zwar wird die gesuchte primäre Spannung auf die bekannte sekundäre Spannung und die bekannte sekundäre Scheinleistung auf die Scheinleistung des verkehrten Kurzschlusses bezogen, die mit Hilfe der Leitungsdaten leicht berechnet werden kann. Der Winkel φ_2 ist durch die Phasenverschiebung beim Verbraucher gegeben und variiert je nach der Art der Belastung. Der Winkel ψ ist dagegen bei gegebenen Leitungskonstanten ein Festwert. Wenn wir diese Gleichung zum Aufbau eines Diagrammes benützen, so gilt offenbar dieses Diagramm für beliebige Spannungen, Belastungen und Leitungslängen, solange nichts an den Leitungskonstanten geändert wird.

Dieses Diagramm soll nun entwickelt werden. Dabei können wir zwei Wege gehen, entweder den rein mathematischen oder den der schrittweisen Deutung vom elektrotechnischen Standpunkt aus. Die mathematische Entwicklung des Diagrammes ist sehr einfach. Wir sehen beispielsweise, daß die Hauptgleichung eine Schar von konzentrischen Kreisen mit dem Spannungsverhältnis als Parameter für die Radien der Kreise darstellt usf. Trotz der Einfachheit dieser mathematischen Untersuchungen wollen wir aber doch das Diagramm auf den andern Weg ableiten.

Zunächst erkennen wir, daß das Spannungsverhältnis $\frac{U_1}{U_2}$ als die Hypotenuse eines rechtwinkligen Dreieckes erscheint mit den beiden Klammerausdrücken als Katheten. Wir wollen zuerst den Fall betrachten, daß der Verbraucher reine Wirklast eingeschaltet habe, daß also $\varphi_2 = 0$ sei. Die Scheinleistung N_2 geht also in eine reine Wirkleistung N_{w2} über. Die Größe der Wirkleistung sei gegeben. Da auch die Scheinleistung des verkehrten Kurzschlusses bekannt ist, können wir leicht das Leistungsverhältnis $\frac{N_{w2}}{N_{K_v}}$ berechnen, für welches wir eine Zahl erhalten, die natürlich kleiner als 1 oder höchstens gleich der Einheit ist. Wir nehmen an, es hätte sich der Wert 0,4 ergeben.

Wir tragen nun in Abb. 34 eine Strecke MO gleich der Einheit auf (zweckmäßigerweise gleich 10 cm) und legen eine Gerade Y so durch den Punkt O, daß sie mit der Richtung der Strecke MO den Winkel ψ bildet. Hierbei wird der Winkel ψ entgegen dem Uhrzeigersinn aufgetragen. Auf dieser Geraden tragen wir von O aus eine Strecke $y = 0{,}4$ auf, d. s. 4 cm, wenn MO gleich 10 cm gemacht worden sind.

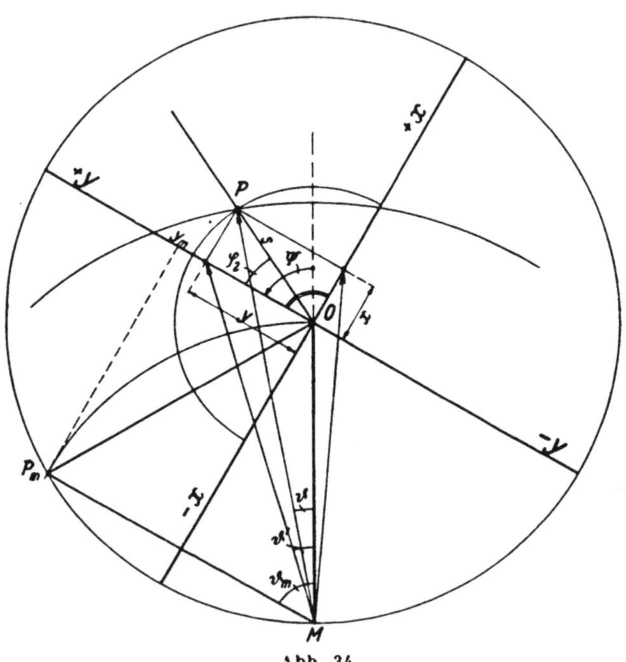

Abb. 34.

Die Projektionen dieser Strecke auf die Richtung von MO und auf die Senkrechte hierzu durch den Punkt O stellen offenbar die Verhältnisse dar

$$\frac{N_{w2}}{N_{Kr}} \cos \psi \text{ und } \frac{N_{w2}}{N_{Kr}} \sin \psi.$$

Verbinden wir M mit dem Endpunkt von y, so stellt diese Verbindungslinie die Hypotenuse des oben erwähnten rechtwinkligen Dreieckes der Hauptgleichung dar. Diese Verbindungslinie ist um 24,5% länger als MO, d. h. die Spannung U_1 ist

$$U_1 = 1{,}245\ U_2.$$

Da U_2 bekannt ist, ist somit die Spannung U_1 für diesen Belastungsfall gefunden. Auch den Winkel ϑ', den die beiden Spannungen miteinander einschließen, können wir leicht ablesen.

Wir erkennen, daß die Gerade Y der geometrische Ort für die Endpunkte der das Spannungsverhältnis darstellenden Vektoren ist für den Fall der Belastung der Leitung durch reine Wirklast, also für $\cos\varphi_2 = 1$. Wir können also auf der Geraden Y auch »$\cos\varphi_2 = 1$« anschreiben. Ist die Belastung beim Verbraucher generatorisch, aber rein induktionsfrei, dann ist die Verlängerung der Geraden Y über O hinaus nach rechts der geometrische Ort für das Spannungsverhältnis.

Als nächsten Fall betrachten wir den, daß der Verbraucher eine reine Blindlast eingeschaltet habe, d. h. es ist

$$\frac{N_2}{N_{Kv}} = \frac{N_{b2}}{N_{Kv}}.$$

Hierbei ist natürlich $\cos\varphi_2 = 0$ oder $\varphi_2 = 90^0$. Wir tragen durch den Punkt O eine Gerade X so auf, daß sie mit der Richtung von MO den Winkel ψ—90^0 bildet; diese Gerade steht offenbar senkrecht auf der Geraden Y. Ist das Leistungsverhältnis beispielsweise

$$\frac{N_{b2}}{N_{Kv}} = x = 0{,}2,$$

so tragen wir auf der Geraden X von O aus eine Strecke von 2 cm nach oben auf. Die Verbindungslinie des Endpunktes dieser Strecke mit M stellt das Spannungsverhältnis für diesen Fall dar. Die Gerade X ist offenbar der geometrische Ort der Spannungsverhältnisse bei reiner Blindlast des Verbrauchers, also können wir auf dieser Geraden auch »$\cos\varphi = 0$« anschreiben. Ist die Blindlast kapazitiv, so müssen wir die Strecke x von O aus nach unten auftragen.

Die beiden Geraden Y und X bilden ein Achsenkreuz. In ihren Quadranten liegen die Punkte für alle möglichen gemischten Leistungsverhältnisse. Ist beim Verbraucher gleichzeitig eine Wirklast mit dem Leistungsverhältnis $y = 0{,}4$ und eine Blindlast mit dem Leistungsverhältnis $x = 0{,}2$ eingeschaltet, dann ist das Scheinleistungsverhältnis s

$$s = \frac{N_2}{N_{Kr}} \quad \dots\dots\dots\dots \quad (33)$$

durch den Punkt P mit den Koordinaten $y = 0{,}4$ und $x = 0{,}2$ dargestellt; denn es muß sein

$$s^2 = y^2 + x^2 \quad \dots\dots\dots \quad (34)$$

Die Verbindungslinie $MP = 1{,}39$ stellt das zugehörige Spannungsverhältnis dar. Auch den Winkel ϑ können wir ablesen.

Wenn wir durch O und P eine Gerade legen, so schließt diese mit der Y-Achse den Winkel φ_2 ein; denn es muß sein

$$\operatorname{tg} \varphi_2 = \frac{x}{y} \quad \dots\dots\dots \quad (35)$$

Offenbar liegen auf diesem Strahl alle Leistungsverhältnisse mit dieser Phasenverschiebung. Damit haben wir bereits drei Strahlen als geometrische Örter für Leistungsverhältnisse mit konstanter Phasenverschiebung gefunden. Für φ_2 als Parameter erhalten wir also ein ganzes Strahlenbüschel mit dem gemeinsamen Schnittpunkt in O.

Wir haben bis jetzt für drei Belastungspunkte die Spannungsverhältnisse ermittelt, die alle verschieden groß sind. Belastungspunkte, deren Spannungsverhältnisse gleich groß sind, also besispielsweise gleich 1,39, müssen auf der Peripherie des Kreises liegen, der mit dem Radius MP um den Punkt M geschlagen wird. So können wir für beliebige Werte des Spannungsverhältnisses Kreise schlagen und erhalten demnach eine Schar konzentrischer Kreise um M als Mittelpunkt.

Wir haben endlich gesehen, daß das Scheinleistungsverhältnis s ausgedrückt werden kann durch das Wirkleistungsverhältnis y und das Blindleistungsverhältnis x nach der Gleichung

$$s^2 = y^2 + x^2.$$

Für alle Werte von y und x, für welche die Summe ihrer Quadrate konstant ist, erhalten wir einen Kreis mit dem

Radius s. Für die verschiedenen Werte von s erhalten wir also eine Schar konzentrischer Kreise um O als Mittelpunkt.

Wir haben nun eine Reihe geometrischer Örter gefunden. Diese sind alle in Abb. 35 eingetragen; außerdem ist das ganze Koordinatennetz zu den Y- und X-Achsen eingezeichnet, um die Punkte P leichter eintragen zu können. Der Gebrauch dieses Diagrammes soll später noch an Hand eines praktischen Beispieles erläutert werden.

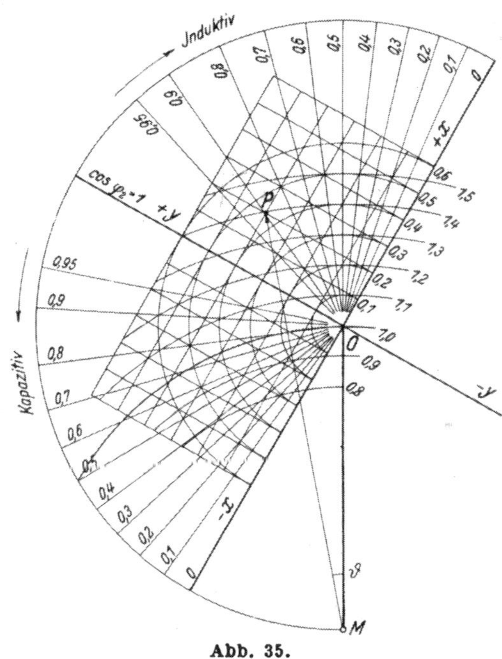

Abb. 35.

b) Verluste, primäre Leistungen, Wirkungsgrad. Die primär aufzuwendende Wirklast N_{w1} ist um die Stromwärmeverluste auf der Leitung größer als die sekundäre Wirklast. Die Leitung führt den Strom J

$$J = \sqrt{J_w^2 + J_b^2}; \quad \ldots \ldots \ldots \quad (36)$$

und die Verluste sind hierbei

$$V_w = J^2 R \quad \ldots \ldots \ldots \ldots \quad (37)$$

Bei der Belastung durch den verkehrten Kurzschluß sind die Stromwärmeverluste

$$V_{wK} = \left(\frac{N_{Kr}}{U_2}\right)^2 R \quad . \quad . \quad . \quad . \quad . \quad . \quad . \quad . \quad (38)$$

Wir bilden das Verhältnis der beiden Verluste und erhalten

$$\frac{V_w}{V_{wK}} = \frac{J^2 U_2^2}{N_{Kr}^2} = \left(\frac{N_2}{N_{Kr}}\right)^2 = s^2 \quad . \quad . \quad . \quad . \quad . \quad (39)$$

Da die Verluste beim verkehrten Kurzschluß leicht berechnet werden können und auch das Scheinleistungsverhältnis s aus dem Diagramm ohne weiteres entnommen werden kann, ist es ein leichtes, die Verluste V_w zu berechnen. Damit ist uns auch die primäre Wirkleistung N_{w1} bekannt.

Mehr als diese Größen interessiert uns aber der Wirkungsgrad η der Energieübertragung, also das Verhältnis

$$\eta = \frac{N_{w2}}{N_{w1}} = \frac{N_{w2}}{N_{w2} + V_w} \quad . \quad . \quad . \quad . \quad . \quad . \quad (40)$$

Der Verfasser will zeigen, daß sich der Wirkungsgrad η in einfacher Weise im Diagramm darstellen läßt. Wir multiplizieren Zähler und Nenner mit $\frac{1}{N_{Kr}}$ und erhalten

$$\eta = \frac{\frac{N_{w2}}{N_{Kr}}}{\frac{N_{w2}}{N_{Kr}} + \frac{V_{wK}}{N_{Kr}}\left(\frac{N_2}{N_{Kr}}\right)^2};$$

für V_w ist dabei der früher gefundene Wert eingesetzt; nun ist

$$V_{wK} = N_{Kr} \cos\psi; \quad . \quad . \quad . \quad . \quad . \quad . \quad . \quad . \quad (41)$$

d. h. die Verluste V_{wK} beim verkehrten Kurzschluß sind nichts anderes als die Wirkleistung des verkehrten Kurzschlusses; dabei ist der Winkel ψ bekanntlich gegeben durch

$$\operatorname{tg}\psi = \frac{\omega L}{R} = \frac{\omega L_0}{R_0};$$

wir erhalten also

$$\eta = \frac{\frac{N_{w2}}{N_{Kr}}}{\frac{N_{w2}}{N_{Kr}} + \cos\psi\left(\frac{N_2}{N_{Kv}}\right)^2} \quad . \quad . \quad . \quad . \quad . \quad . \quad (42)$$

Nun können wir schreiben

$$\left(\frac{N_2}{N_{Kr}}\right)^2 = \left(\frac{N_{w2}}{N_{Kr}}\right)^2 + \left(\frac{N_{b2}}{N_{Kr}}\right)^2;$$

oder wenn wir für das Wirkleistungsverhältnis und Blindleistungsverhältnis die Buchstaben y und x verwenden, erhalten wir

$$\eta = \frac{y}{y + \cos\psi\,(y^2 + x^2)};$$

oder in anderer Form

$$y^2 + x^2 - \frac{1-\eta}{\eta\cos\psi}\,y = 0 \quad . \quad . \quad . \quad . \quad . \quad . \quad . \quad (43)$$

Diese Gleichung stellt eine Kurvenschar dar mit η als Parameter; $\cos\psi$ ist bei gegebener Leitung eine Konstante. Man erkennt, daß es sich um eine Kreisschar handelt, deren Mittelpunkte auf der Y-Achse liegen und die alle die X-Achse im Nullpunkt berühren. Für die Radien der Kreise erhalten wir

$$r = \frac{1-\eta}{2\,\eta\cos\psi} \quad . \quad . \quad . \quad . \quad . \quad . \quad . \quad . \quad . \quad (44)$$

Ist beispielsweise der Winkel ψ für eine Leitung gleich 60^0, so ist $\cos\psi = 0{,}5$. Wir suchen den Radius des Kreises für einen Wirkungsgrad von beispielsweise $\eta = 0{,}8$ und finden

$$r = \frac{1-0{,}8}{2\cdot 0{,}8\cdot 0{,}5} = 0{,}25.$$

Wenn die Strecke MO gleich 10 cm gewählt wurde, wird der Radius dieses Kreises gleich 2,5 cm. Mit diesem Radius schlagen wir einen Kreis, dessen Mittelpunkt auf der Y-Achse liegt und dessen Peripherie durch den Nullpunkt geht. In gleicher Weise finden wir die Radien für andere Wirkungsgrade.

Um die Abb. 35 nicht zu sehr zu belasten, zeichnen wir diese Kreisschar gesondert heraus (Abb. 36), indem wir wieder die MO-Linie zeichnen und unter dem Winkel von 60^0 das Achsenkreuz. In dieses Achsenkreuz tragen wir die Kreisschar ein, und zwar rechts und links von der Abszissenachse, also auch für den Fall der generatorischen Belastung beim Verbraucher.

Außer den Stromwärmeverlusten V_w muß das Kraftwerk am Anfang der Leitung auch noch die zur Erzeugung des magnetischen Feldes auf der Leitung notwendige Blindleistung V_b aufbringen, die gegeben ist durch

$$V_b = \omega L J^2, \quad \quad (45)$$

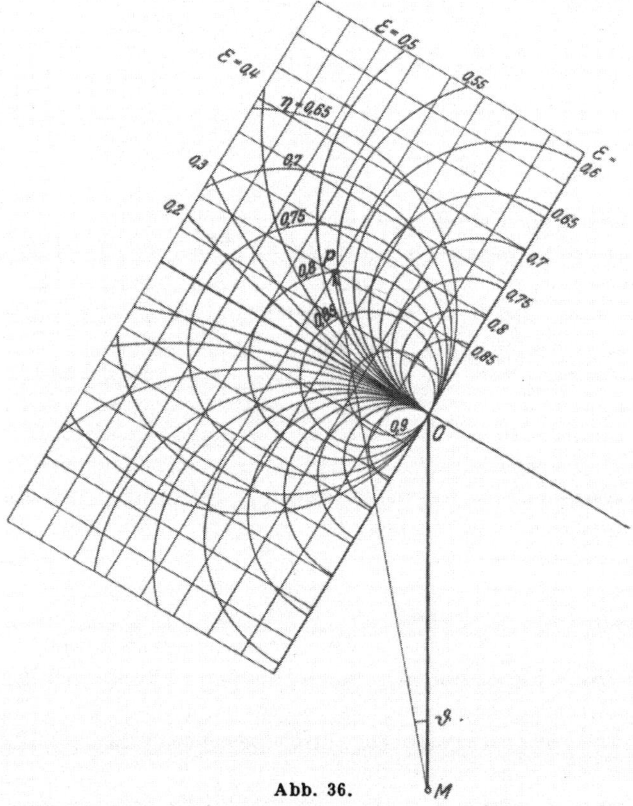

Abb. 36.

so daß also die Blindleistung N_{b1} ist

$$N_{b1} = N_{b2} + V_b.$$

Bezeichnen wir das Verhältnis der sekundären zur primären Blindlast mit ε, so erhalten wir in analoger Weise wie vorher

$$\varepsilon = \frac{\dfrac{N_{b2}}{N_{Kr}}}{\dfrac{N_{b2}}{N_{Kr}} + \dfrac{V_{bK}}{N_{Kr}} \left(\dfrac{N_2}{N_{Kr}}\right)^2}; \quad \ldots \ldots \quad (46)$$

oder

$$\varepsilon = \frac{x}{x + \sin \psi \, (y^2 + x^2)} \cdot \quad \ldots \ldots \quad (46\,a)$$

Auch diese Gleichung stellt eine Kreisschar dar, welche gegen die eben gezeichnete um 90^0 gedreht ist; die Mittelpunkte dieser Kreise liegen also auf der X-Achse und die Radien sind

$$r = \frac{1 - \varepsilon}{2 \varepsilon \sin \psi}; \quad \ldots \ldots \ldots \quad (47)$$

Abb. 36 zeigt die Kreisschar. Für kapazitive Belastung liegt die Kreisschar spiegelbildlich hierzu wie gezeichnet.

Damit haben wir die zur Berechnung nötigen Diagramme gewonnen, deren Aufstellung möglich war lediglich auf Grund der Leitungskonstanten R_0 und ωL_0. Nun soll ein praktisches Beispiel durchgerechnet werden, um zu zeigen, wie einfach die Handhabung des Diagrammes ist.

c) Beispiel *5.* Auf einer Leitung von 100 km Länge sollen mit 100 kV verketteter Spannung beim Verbraucher die Leistungen 85900 kW (Wirkleistung) und 44500 kVA (Blindleistung) zur Verfügung sein. Die Konstanten (Beläge) der Leitung sind pro 1 km und eine Phase:

$R_0 = 0{,}231$ Ohm; $\omega L_0 = 0{,}4$ Ohm; $\omega C_0 = 3{,}08 \cdot 10^{-6}$ Siemens und $g_0 = 0{,}1 \cdot 10^{-6}$ Siemens.

Bei dieser relativ kurzen Leitung können die Ersatzwiderstände und Leitwerte einfach durch Multiplikation der Beläge mit der Länge der Leitung (100 km) gewonnen werden. Danach ergeben sich: die Ersatzwiderstände der Leitung zu $R = 23{,}1$ Ohm; $\omega L = 40$ Ohm und die Ersatzleitwerte am Anfang und Ende der Leitung zu $\frac{\omega C}{2} = 1{,}54 \cdot 10^{-4}$ Siemens und $\frac{g}{2} = 0{,}05 \cdot 10^{-4}$ Siemens. Wir erhalten also folgende zusätzliche Drehstromleistungen beim Verbraucher

$$3 \frac{\omega C}{2} U_2^2 = -1540 \text{ kVA};$$

und

$$3\frac{g}{2}U_2^2 = 50\text{ kW};$$

also ist die gesamte Belastung beim Verbraucher 85950 kW und 43000 kVA (rund gerechnet). Das sind pro Phase

$$N_{w2} = 28650\text{ kW und } N_{b2} = 14330\text{ kVA}.$$

Die Phasenspannung U_2 ergibt sich zu 57,7 kV.

Es sind die primäre Spannung U_1, der Wirkungsgrad und die primären Leistungen zu bestimmen.

Lösung. Wir berechnen zunächst den Winkel ψ für die Leitung; es ist

$$\operatorname{tg}\psi = \frac{\omega L_0}{R_0} = 1{,}732;$$

also

$$\psi = 60^0;$$

mit diesem Winkel entwerfen wir die Diagramme. Das ist bereits geschehen; denn die Diagramme der Abb. 35 und 36 sind für diesen Winkel aufgestellt worden.

Nunmehr ist die Scheinleistung des verkehrten Kurzschlusses zu berechnen. Diese ist

$$N_{Kr} = \frac{57700^2}{\sqrt{23{,}1^2 + 40^2}} = 71600\text{ kVA}.$$

Danach erhalten wir folgende Werte für die Leistungsverhältnisse

$$y = \frac{N_{w2}}{N_{Kr}} = \frac{28650}{71600} = 0{,}4;$$

und

$$x = \frac{N_{b2}}{N_{Kr}} = \frac{14330}{71600} = 0{,}2;$$

das sind die Werte, die wir früher für den Punkt P gewählt haben; der Punkt P stellt uns in seiner Lage im Diagramm also den Zustand auf der Leitung bei den geforderten Belastungen dar.

Die Strecke MP beträgt 13,9 cm; also ist die primär notwendige Spannung

$$U_1 = U_2\,\frac{13{,}9}{10} = 80{,}2\text{ kV};$$

das ist eine verkettete Spannung von 139 kV. Der Winkel ϑ der beiden Spannungsvektoren ist kleiner als 12—15°, also sind die Leistungen auch mit Rücksicht auf die Stabilität übertragbar.

In Abb. 36 liegt der Punkt P auf dem Kreis mit dem Wirkungsgrad $\eta = 80\%$. Also ist die primäre Wirklast $N_{w1} = 35700$ kW. Ferner liegt der Punkt P auf dem Kreis mit dem Parameter $\varepsilon = 0{,}54$ (interpoliert); also ist die primäre Blindleistung $N_{b1} = 26600$ kVA. Diese Werte mit 3 multipliziert ergibt die Drehstromleistung. Da wir auf den Anfang der Leitung die Hälfte der Ableitungsverluste (Koronaverluste) und die Hälfte der Ladeleistung verworfen haben, beträgt die vom Kraftwerk aufzubringende Leistung

Wirkleistung: 107150 kW; Blindleistung: 78300 kVA.

Damit ist die gestellte Aufgabe gelöst.

Wir wollen noch eine Proberechnung ausführen. Das sekundäre Scheinleistungsverhältnis ist

$$\frac{N_2}{N_{Kr}} = \sqrt{y^2 + x^2} = 0{,}4474;$$

also ist

$$N_2 = 0{,}4474 \cdot 71600 = 32000 \text{ kVA};$$

daraus ergibt sich ein Strom

$$J - \frac{32000}{57{,}7} = 555 \text{ A};$$

also sind die Verluste

$$V_w = 555^2 \cdot 23{,}1 = 7100 \text{ kW};$$

und demnach ist der Wirkungsgrad

$$\eta = \frac{28650}{28650 + 7100} = 80{,}1\,\%.$$

In ähnlicher Weise findet man für

$$\varepsilon = 0{,}538\%;$$

das ist eine genügend genaue Übereinstimmung mit den graphisch gefundenen Werten.

Man erkennt, daß die Leitungsberechnung mit Hilfe dieses Diagrammes eine sehr einfache Sache ist. Die ganzen Arbeitsverhältnisse einer Energieübertragung übersieht man am besten an Hand von Arbeitsdiagrammen, die im folgenden Abschnitt kurz besprochen werden sollen.

d) Arbeitsdiagramme. Man gewinnt die Arbeitsdiagramme für eine Leitung, indem man eine Betriebsgröße konstant läßt und zusieht, welcher Zusammenhang dann zwischen den andern Größen besteht.

Beim ersten Arbeitsdiagramm lassen wir das Spannungsverhältnis konstant und sehen zu, wie sich hierbei das Wirkleistungsverhältnis und der Wirkungsgrad mit dem Blindleistungsverhältnis ändert. Der geometrische Ort für konstantes Spannungsverhältnis ist ein Kreis um M als Mittelpunkt, wie wir früher gesehen haben. Wir verfolgen die Peripherie eines solchen Kreises in Abb. 35, beispielsweise des Kreises mit dem Spannungsverhältnis 1,4, und zwar beginnen wir beim Punkt $y = 0$; $x = 0{,}44$. Hierbei ist die übertragbare Wirklast gleich Null. Läßt man das Blindleistungsverhältnis kleiner werden, dann wächst das Wirkleistungsverhältnis an, und zwar bis zu einem Maximum, das bei einer gewissen kapazitiven Blindlast auftritt. Offenbar tritt es dort ein, wo der Spannungsverhältniskreis eine zur X-Achse parallele Tangente hat. Man erhält für jedes Spannungsverhältnis eine maximale übertragbare Wirkleistung. Man erkennt also, daß durch Erhöhung der kapazitiven Belastung die übertragbare Wirkleistung bis zu einem gewissen Maß gesteigert werden kann.

Der Wirkungsgrad wächst vom Wert Null bei der Wirkleistung Null allmählich an und erreicht ein Maximum, wenn das Blindleistungsverhältnis den Wert Null hat. Wird die Blindleistung kapazitiv, dann fällt der Wirkungsgrad wieder ab.

Als zweites Arbeitsdiagramm betrachten wir die Abhängigkeit des Spannungsverhältnisses vom Scheinleistungsverhältnis bei konstanter Phasenverschiebung. Der geometrische Ort für das Scheinleistungsverhältnis bei konstanter Phasenverschiebung ist, wie oben gezeigt, ein Strahl durch den Punkt O. Bewegen wir uns in Richtung eines solchen Strahles, anfangend bei O, also in Richtung wachsender Scheinleistung, so sehen wir, daß mit zunehmendem Scheinleistungsverhältnis das Spannungsverhältnis wächst. Bei konstanter Sekundärspannung muß demnach die primäre Spannung höher eingestellt werden. Man sieht, daß auf dem Strahl für den Phasenverschiebungswinkel $\varphi_2 = \psi$ das Spannungsverhältnis am raschesten wächst: denn dieser Strahl liegt in der Verlängerung der MO-Linie und schneidet die Spannungsverhältniskreise senkrecht.

Der Wirkungsgrad nimmt bei dieser Fortschreitungsrichtung vom Wert 1 immer mehr ab.

Beim dritten Arbeitsdiagramm lassen wir das Scheinleistungsverhältnis konstant und betrachten die Abhängigkeit des Spannungsverhältnisses und des Wirkungsgrades von der Phasenverschiebung. Der geometrische Ort für konstantes Scheinleistungsverhältnis ist ein Kreis mit dem Radius s um den Mittelpunkt O. Wenn wir der Peripherie eines solchen Kreises folgen, etwa von $y = 0$ aus beginnend, sehen wir, daß das Spannungsverhältnis zunächst wächst mit zunehmendem $\cos \varphi_2$, für $\varphi_2 = \psi$ ein Maximum erreicht und dann wieder abnimmt. Einen ähnlichen Verlauf zeigt der Wirkungsgrad, nur erreicht dieser sein Maximum bei $\cos \varphi_2 = 1$.

Beim vierten Arbeitsdiagramm lassen wir die Wirkleistung konstant und verändern die Blindleistung; gesucht ist das Spannungsverhältnis und der Wirkungsgrad. Der geometrische Ort für konstantes Wirkleistungsverhältnis ist die Parallele zur X-Achse im Abstand y. Wenn man mit induktiver Blindlast beginnt und auf kapazitive übergeht, nimmt das Spannungsverhältnis stetig ab. Man hat also in der Regulierung der Blindlast ein bequemes Mittel, bei konstanter Sekundärspannung die Primärspannung in weiten Grenzen einzuregulieren. Dies ist eine für den Betrieb langer Kuppelleitungen außerordentlich wichtige Tatsache. Beim Übergang auf kapazitive Blindlast geht diese Reguliermethode allerdings auf Kosten der Wirtschaftlichkeit; denn der Wirkungsgrad nimmt von da aus rasch ab.

Als fünftes und letztes Arbeitsdiagramm betrachten wir die Abhängigkeit des Spannungsverhältnisses und des Wirkungsgrades vom Wirkleistungsverhältnis bei konstanter Blindlast. Geometrischer Ort für konstantes Blindleistungsverhältnis ist eine Parallele zur Y-Achse im Abstand x. Wir sehen aus den Diagrammen, daß mit zunehmendem Wirkleistungsverhältnis das Spannungsverhältnis stetig wächst, während der Wirkungsgrad nach Erreichung eines Maximums wieder abfällt.

Bemerkung. Es wurde bereits beim ersten Arbeitsdiagramm darauf hingewiesen, daß durch Vergrößerung der kapazitiven Blindlast die übertragbare Wirklast bis zu einem Maximum gesteigert werden kann. Die Maxima für verschiedene Spannungsverhältnisse treten dort auf, wo die Spannungsverhältniskreise Tangenten besitzen, die zur X-Achse parallel sind. In Abb. 34 ist das Maximum Oy_m des Wirkleistungsverhältnisses für das Spannungsverhältnis 1 eingezeichnet. Die Strecke OP_m stellt das hierbei auftretende Scheinleistungsverhältnis dar. Man erkennt, daß der geometrische Ort der Scheinleistungsverhältnisse für alle maximalen Wirkleistungsverhältnisse eine Gerade durch die Punkte M und P_m ist.

Zeichnet man den Kreis für das konstante Scheinleistungsverhältnis 1 (Abb. 34), so zeigt sich, daß die Spannungsverhältnisse, welche auf diesem Kreis liegen, alle Werte von 0 bis 2 durchlaufen. Der Kreis für das Spannungsverhältnis 1 schneidet den Scheinleistungskreis in einem Punkt, der zum Winkel $\vartheta = 60^0$ zwischen der sekundären und primären Spannung gehört. Das scheint keine Besonderheit zu sein; wir kommen aber nochmals darauf zurück.

3. Zweite Hauptform der Energieübertragung.

Bei der zweiten Hauptform der Energieübertragung sind gegeben die primäre Spannung U_1 und die Belastungen N_{w2} und N_{b2} auf der sekundären Seite. Gesucht sind die sekundäre Spannung, die primären Leistungen, die Verluste und der Wirkungsgrad. Dieser Fall der Energieübertragung liegt in der Praxis hauptsächlich dann vor, wenn von einem Kraftwerk, das eine konstante Spannung hält, eine oder mehrere Fernleitungen gespeist werden, an deren Enden größere Versorgungsgebiete angeschlossen sind, die eine bestimmte Wirk- und Blindleistung aus der Leitung entnehmen, unabhängig von der am Ende herrschenden Spannung. Ein häufig vorkommender Fall ist beispielsweise der, daß am Ende der Leitung ein Unterwerk mit einem Motorgenerator angeschlossen ist, auf dessen Gleichstromseite die Spannung und Leistung gewisse Werte haben soll, die von der Spannung der Drehstromseite nicht beeinflußt werden. Dabei soll gleichzeitig die Erregung des Synchronmotors so eingestellt werden, daß auf der Drehstromseite eine bestimmte Blindleistung vorhanden ist.

Es gibt eine Reihe von Verfahren und Methoden zur Lösung dieser Aufgabe. Dem Verfasser scheint das von J. Ossanna entwickelte Diagramm wegen seiner Einfachheit besonders für die Anwendung in der Praxis am geeignetsten zu sein, weshalb es im folgenden verwendet werden soll. Im Anschluß daran soll gezeigt werden, wie man außer dem Spannungsverhältnis auch die übrigen Größen, die Verluste, primären Leistungen und den Wirkungsgrad finden kann.

a) Spannungsverhältniskreise. Wir gehen wieder vom Diagramm der Abb. 2 aus, für das wir folgende Gleichung gefunden haben

$$U_1^2 = (U_2 + R\,J_w + \omega\,L\,J_b)^2 + (\omega\,L\,J_w - R\,J_b)^2; \qquad (30)$$

oder wenn man beide Seiten der Gleichung mit $\frac{1}{U_1^2}$ multipliziert

$$1 = \left(\frac{U_2}{U_1} + R\,\frac{J_w}{U_1} + \omega\,L\,\frac{J_b}{U_1}\right)^2 + \left(\omega\,L\,\frac{J_w}{U_1} - R\,\frac{J_b}{U_1}\right)^2.$$

Nun werden beide Seiten der Gleichung mit $\left(\frac{U_2}{U_1}\right)^2$ multipliziert; ferner setzen wir

$$J_w\,U_2 = N_{w2}; \quad J_b\,U_2 = N_{b2}.$$

Wird die Leitung in E (Verbraucherende) kurzgeschlossen, so ist

$$J_K = \frac{U_1}{z},$$

wobei z die Impedanz der Leitung ist. Wir multiplizieren beide Seiten mit U_1, dann ist die Scheinleistung beim Kurzschluß

$$J_K\,U_1 = N_K = \frac{U_1^2}{z} \quad \ldots\ldots\ldots \quad (48)$$

Mit diesen Werten erhält man schließlich die Gleichung

$$\left(\frac{U_2}{U_1}\right)^2 = \left[\left(\frac{U_2}{U_1}\right)^2 + \frac{R}{z}\,\frac{N_{w2}}{N_K} + \frac{\omega\,L}{z}\,\frac{N_{b2}}{N_K}\right]^2 + \\ + \left[\frac{\omega\,L}{z}\,\frac{N_{w2}}{N_K} - \frac{R}{z}\,\frac{N_{b2}}{N_K}\right]^2.$$

Nun ist

$$\frac{R}{z} = \cos\psi; \qquad \frac{\omega L}{z} = \sin\psi;$$

ferner

$$N_{w2} = N_2 \cos\varphi_2; \quad N_{b2} = N_2 \sin\varphi_2,$$

wobei φ_2 die Phasenverschiebung am Ende der Leitung ist. Also wird

$$\left(\frac{U_2}{U_1}\right)^2 = \left[\left(\frac{U_2}{U_1}\right)^2 + \frac{N_2}{N_K}\cos\psi\cos\varphi_2 + \frac{N_2}{N_K}\sin\psi\sin\varphi_2\right]^2 + \\ + \left[\frac{N_2}{N_K}\sin\psi\cos\varphi_2 - \frac{N_2}{N_K}\cos\psi\sin\varphi_2\right]^2$$

oder

$$\left(\frac{U_2}{U_1}\right)^2 = \left[\left(\frac{U_2}{U_1}\right)^2 + \frac{N_2}{N_K}\cos(\psi-\varphi_2)\right]^2 + \left[\frac{N_2}{N_K}\sin(\psi-\varphi_2)\right]^2 \quad (49)$$

Es wird nun gesetzt

$$\left(\frac{U_2}{U_1}\right)^2 + \frac{N_2}{N_K}\cos(\psi-\varphi_2) = \frac{1}{2} + \xi \quad . \; . \; . \; . \quad (50)$$

und

$$\frac{N_2}{N_K}\sin(\psi-\varphi_2) = \eta.$$

Aus der ersten Substitution ergibt sich

$$\left(\frac{U_2}{U_1}\right)^2 = \frac{1}{2} + \xi - \frac{N_2}{N_K}\cos(\psi-\varphi_2);$$

dies setzen wir in Gl. (49) ein und erhalten

$$\frac{1}{2} + \xi - \frac{N_2}{N_K}\cos(\psi-\varphi_2) = \frac{1}{4} + \xi^2 + \xi + \left[\frac{N_2}{N_K}\sin(\psi-\varphi_2)\right]^2.$$

Daraus findet man

$$\xi^2 = \frac{1}{4} - \frac{N_2}{N_K}\cos(\psi-\varphi_2) - \left[\frac{N_2}{N_K}\sin(\psi-\varphi_2)\right]^2$$

oder

$$\xi^2 = \left[\frac{1}{2} - \frac{N_2}{N_K}\cos(\psi-\varphi_2)\right]^2 - \left(\frac{N_2}{N_K}\right)^2.$$

Auf diese Gleichung läßt sich eine graphische Konstruktion für U_2 aufbauen. Man sucht allerdings nicht diese Spannung direkt, sondern wieder das **Spannungsverhältnis** $\frac{U_2}{U_1}$, das gegeben ist durch die Gleichung

$$\left(\frac{U_2}{U_1}\right)^2 = \left(\frac{1}{2} \pm \xi\right)^2 + \eta^2 \quad \ldots \ldots \ldots \quad (51)$$

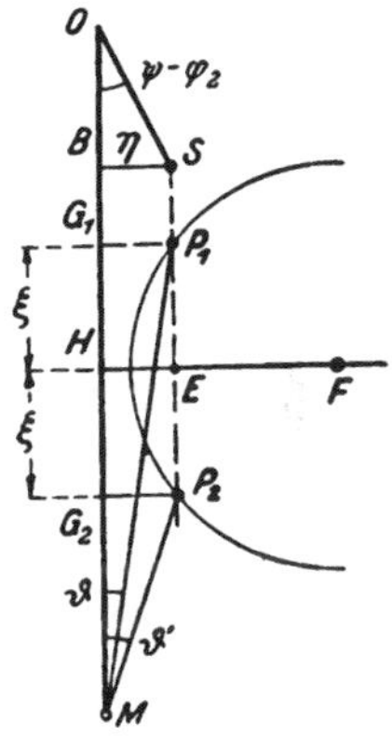

für ξ müssen wir das Plus- und Minuszeichen einführen, da sowohl $+\xi$ als auch $-\xi$ der Gl. (51) genügt.

Damit haben wir die Grundlage für die Konstruktion des Diagramms gefunden. Wir machen in Abb. 37 die Strecke $MO = 1$ und betrachten die MO-Richtung als Richtung der Spannung U_1. Dann tragen wir die Strecke OS so auf, daß sie gegenüber MO um den Winkel $(\psi - \varphi_2)$ vorauseilt und machen OS gleich $\frac{N_2}{N_K}$. Dann ist offenbar $SB = \eta$. Um ξ zu finden, errichten wir im Halbierungspunkt H der Strecke MO die Senkrechte zu ihr und legen durch S die Parallele zu MO, welche die Senkrechte im Punkt E schneidet. Es ist dann

Abb. 37.

$$SE = HO - OB = \frac{1}{2} - \frac{N_2}{N_K}\cos(\psi - \varphi_2).$$

Die Strecke SE bildet nach Gl. (50) die Hypotenuse eines rechtwinkligen Dreiecks mit den Katheten ξ und $\frac{N_2}{N_K}$. Um ξ zu finden, machen wir $EF = OS$ und beschreiben um F als Mittelpunkt einen Kreisbogen mit dem Halbmesser SE. Dadurch gewinnen wir die beiden Schnittpunkte P_1 und P_2 und damit die gesuchte Kathete ξ. Es ist nämlich

$$\xi = EP_1 \text{ bzw. } \xi = EP_2.$$

Schließlich fällen wir von P_1 und P_2 auf die Strecke MO die Senkrechten P_1G_1 und P_2G_2, und es ist

$$MG_1 = \frac{1}{2} + \xi; \quad MG_2 = \frac{1}{2} - \xi.$$

Damit sind die beiden durch die Gl. (51) dargestellten Spannungsverhältnisse bestimmt.

Die Übertragung einer bestimmten Leistung kann also bei konstanter Spannung U_1 mit zwei Spannungen U_2 und U_2' erfolgen, die sehr verschieden in ihrer Größe sein können. Die kleinere Spannung U_2' kommt in der Regel praktisch nicht in Frage wegen der damit verbundenen großen Übertragungsverluste. Die beiden Spannungen eilen der Spannung U_1 um den Winkel ϑ bzw. ϑ' nach.

Es gibt eine Leistung N_{2m} bzw. ein Scheinleistungsverhältnis $\frac{N_{2m}}{N_K}$, wobei die Übertragung mit nur einer Spannung möglich ist. Es ist dies zugleich die maximale Scheinleistung, die übertragen werden kann. Ist die zu übertragende Leistung größer, dann wird ξ imaginär; im Diagramm würde für diesen Fall die Strecke EF größer als der Radius $EP = SE$ des Kreises.

Für das maximale Scheinleistungsverhältnis erhalten wir also die Bedingung, daß $\xi = 0$ sein muß, d. h.

$$\frac{N_{2m}}{N_K} = \frac{1}{2} - \frac{N_{2m}}{N_K} \cos(\psi - \varphi_2).$$

Man sieht, daß es für jede Phasenverschiebung φ_2 eine maximale Scheinleistung N_{2m} gibt und daß hierfür im Diagramm der Abb. 37 die Strecke $OS = SE$ wird. Daraus ergibt sich, daß der geometrische Ort aller Endpunkte S der maximalen Scheinleistungsverhältnisse eine Parabel (»Grenzparabel«) mit dem Brennpunkt in O und der Leitlinie HF ist. Diese Parabel ist in Abb. 38 dargestellt. Nur Scheinleistungsverhältnisse, deren Endpunkt S innerhalb der Grenzparabel liegen, kommen für die praktische Übertragung in Frage.

Wir sehen, daß sich die zweite Form der Energieübertragung in diesem Punkt wesentlich von der ersten Form unterscheidet. Der Fall liegt hier, physikalisch gesehen, so: Steigert man in E (Ende der Leitung) den Strom, so fällt die Spannung U_2, solange U_1 konstant gehalten wird. Schließlich wird die sekundäre Spannung und damit das sekundäre Scheinleistungsverhältnis gleich Null. Bei der ersten Hauptform der Energieübertragung kann von einer maximalen Scheinleistung in diesem Sinne nicht die Rede sein, weil ja die

Spannung U_2 konstant ist. Solange hier der Strom am Ende der Leitung gesteigert wird, solange wächst auch die Scheinleistung.

Aus Abb. 38 sehen wir, daß bei induktiver Belastung das Grenzleistungsverhältnis kleiner und bei kapazitiver Belastung größer ist, als bei induktionsfreier Belastung ($\varphi_2 = 0$). Das kleinste maximale Scheinleistungsverhältnis tritt auf bei $\varphi_2 = \psi$ (Strecke OA) und dieses ist nach der Geometrie der Parabel gleich 0,25.

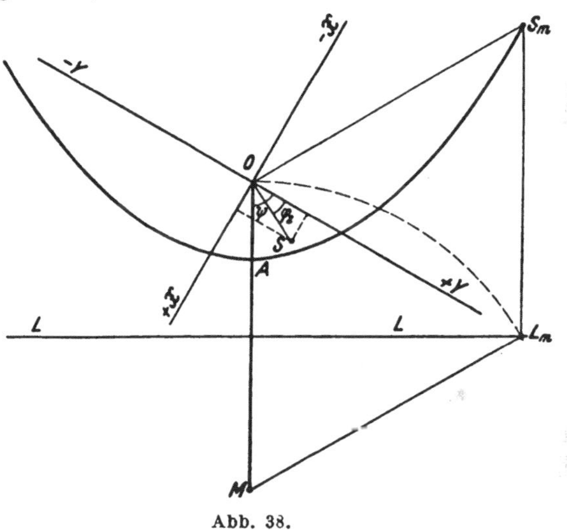

Abb. 38.

Auch für die Endpunkte der Spannungsvektoren U_2, bei denen die maximalen Scheinleistungsverhältnisse auftreten, gibt es einen geometrischen Ort. Um diesen zu finden, braucht man nur zu überlegen, daß in Abb. 37 die Punkte P_1 und P_2 mit E zusammenfallen. Die Leitlinie LL (Abb. 38) ist also der geometrische Ort aller Punkte dieser Spannungen.

Der Fall der Gleichstromübertragung wird auf der Geraden MO abgebildet. Doch soll hier nicht näher darauf eingegangen werden.

In Abb. 38 ist im Punkt O ein Achsenkreuz eingetragen, dessen Y-Achse der Geraden MO um den Winkel ψ vorauseilt.

Man sieht, daß bei diesem Koordinatensystem die positiven und negativen Richtungen der Achsen gegenüber dem System der ersten Hauptform vertauscht sind. Das Scheinleistungsverhältnis OS schließt mit der Y-Achse den Winkel φ_2 ein, durch Projektion des Scheinleistungsverhältnisses auf die Y-Achse erhält man das Wirkleistungsverhältnis und durch Projektion auf die X-Achse das Blindleistungsverhältnis. Sind

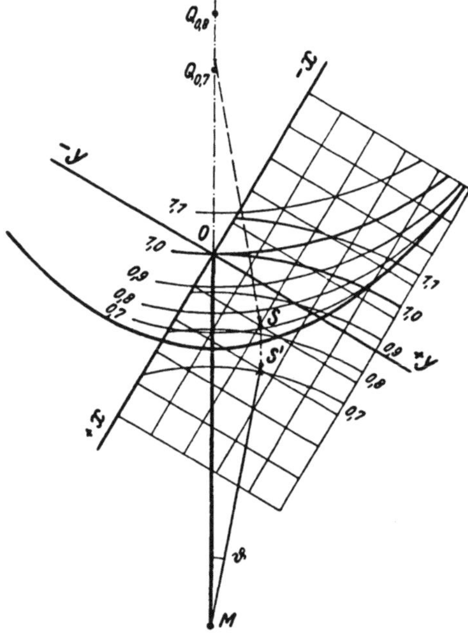

Abb. 39 a.

das Wirkleistungsverhältnis und das Blindleistungsverhältnis gegeben, so kann man umgekehrt das Scheinleistungsverhältnis angeben. Wir zeichnen in Abb. 39a das Koordinatensystem nochmals heraus und tragen das zugehörige Netz ein. Ferner zeichnen wir die konzentrischen Kreise mit M als Mittelpunkt für konstante Spannungsverhältnisse ein.

Um die Auffindung des zu einer bestimmten Belastung gehörigen Spannungsverhältnisses zu erleichtern, ermitteln wir die Abhängigkeit zwischen Wirkleistung und Blindleistung bei konstanter Spannung U_2. Nach früherem ist

$$\left(\frac{U_2}{U_1}\right)^2 = \left[\left(\frac{U_2}{U_1}\right)^2 + R\frac{N_{w2}}{U_1^2} + \omega L\frac{N_{b2}}{U_1^2}\right]^2 + \left[\omega L\frac{N_{w2}}{U_1^2} - R\frac{N_{b2}}{U_1^2}\right]^2$$

oder nach einiger Umformung

$$\left(\frac{U_2}{U_1}\right)^2 = \left|\frac{R}{z}\left(\frac{U_2}{U_1}\right)^2 + \frac{N_{w2}}{N_K}\right|^2 + \left|\frac{\omega L}{z}\left(\frac{U_2}{U_1}\right)^2 + \frac{N_{b2}}{N_K}\right|^2;$$

oder wenn wir setzen

$$y = \frac{N_{w2}}{N_K}; \quad x = \frac{N_{b2}}{N_K},$$

so erhalten wir

$$\left(\frac{U_2}{U_1}\right)^2 = \left[y + \frac{R}{z}\left(\frac{U_2}{U_1}\right)^2\right]^2 + \left[x + \frac{\omega L}{z}\left(\frac{U_2}{U_1}\right)^2\right]^2.$$

Dies ist die Gleichung einer Kreisschar mit den Radien $\frac{U_2}{U_1}$, deren Mittelpunkte auf der Verlängerung der Geraden MO liegen; der Abstand des Mittelpunktes Q eines solchen Kreises vom Punkt O, also die Strecke OQ, ist gegeben durch die Gleichung

$$OQ = \left(\frac{U_2}{U_1}\right)^2 \quad \ldots\ldots\ldots\ldots \quad (52)$$

In Abb. 39a ist auch diese Kreisschar eingezeichnet. Damit haben wir zwei Kreisscharen im Diagramm; zu jedem Kreis der oberen Schar gehört ein gleichnamiger Kreis der unteren Schar und diese Kreispaare haben gleichen Durchmesser. In Abb. 39b ist die Kreisschar um M nicht gezeichnet, um die Abbildung nicht zu überladen, dagegen sind die Kreise der oberen Schar in größerer Zahl gezeichnet.

Der Vorgang bei der Lösung einer gestellten Aufgabe ist nun der: Man trägt die geforderten sekundären Leistungsverhältnisse $\frac{N_{w2}}{N_K}$ und $\frac{N_{b2}}{N_K}$ auf den zugehörigen Achsen auf und erhält damit den Punkt S des Scheinleistungsverhältnisses. Man sieht nun zu, auf welchem Kreis der oberen Schar der Punkt S liegt und fällt vom Punkt S die Senkrechte auf den gleichnamigen Kreis der unteren Schar und findet den Punkt S'. Die Verbindungslinie dieses Punktes mit M stellt dann das gesuchte Spannungsverhältnis dar. Da U_1 bekannt ist, kann man aus diesem Verhältnis U_2 leicht berechnen und die Aufgabe der Auffindung der sekundären Spannung ist gelöst. Ein praktisches Beispiel im übernächsten Abschnitt wird dies noch näher erläutern.

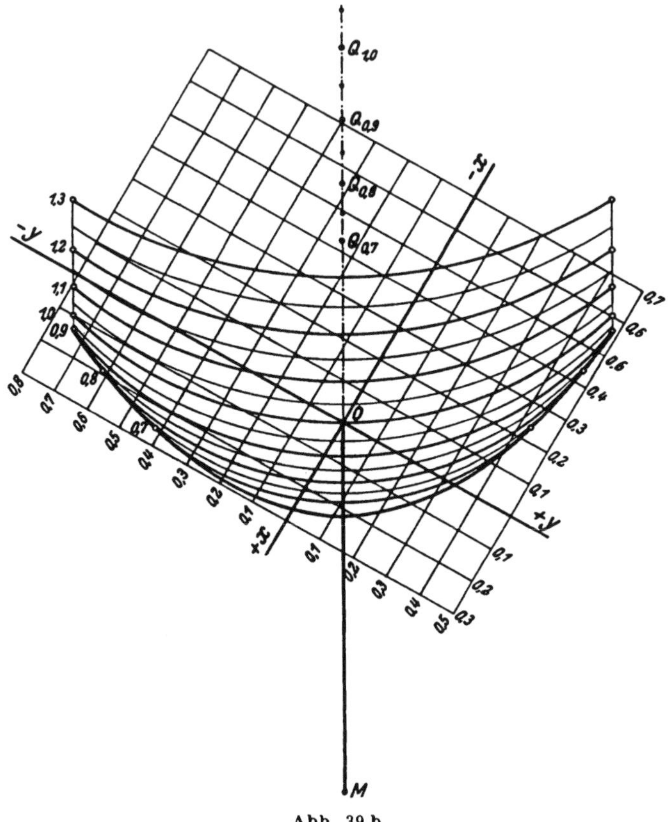

Abb. 39 b.

b) Verluste, primäre Leistungen, Wirkungsgrad. Nachdem nun die sekundäre Spannung bekannt ist, können wir uns die Aufgabe *umgekehrt* gestellt denken, nämlich als ob die primäre Spannung U_1 zu suchen wäre. Man erkennt, daß dies mit dem Diagramm der *ersten Hauptform* geschehen kann und aus diesem Diagramm können wir die Verluste, primären Leistungen und den Wirkungsgrad der Übertragung in bekannter

Weise entnehmen. Hierbei sind aber keinerlei Rechnungen notwendig, man hat nur folgendes zu machen. Man verlängert die Strecke MS' auf 10 cm (d. h. gleich der Einheit) und im gleichen Verhältnis verlängert man die Strecke MO der Spannung U_1 (Abb. 39a). Der Winkel ϑ zwischen den beiden Spannungen bleibt jedoch bestehen. Diese Verlängerung der Strecken kann mit einfachen Mitteln der Geometrie oder mit Hilfe des Rechenschiebers geschehen. Diese beiden verlängerten Strecken denken wir uns auf ein Pauspapier gezeichnet und dieses über die Diagramme der Abb. 35 und 36 gelegt und zwar so, daß die verlängerte Strecke MS' mit der Strecke MO dieser Diagramme zusammenfällt. Man kann dann sofort den Wirkungsgrad η und die Größe ε ablesen, und damit ist auch diese Aufgabe gelöst. Wenn man die Spannungsstrecken selbst nicht übertragen will, kann man auch so vorgehen. Man berechnet die Scheinleistung des verkehrten Kurzschlusses und damit das Wirk- und Blindleistungsverhältnis der Belastung und hat damit die Koordinate für P gewonnen; es können nun η und ε abgelesen werden.

c) Beispiel 6. Eine 100 km lange Leitung wird am Anfang mit der Spannung $U_1 = 80{,}2$ kV (d. s. 139 kV verkettete Spannung) gespeist und am Ende mit der Wirkleistung $N_{w2} = 28650$ kW und der Blindleistung $N_{b2} = 14330$ kVA belastet. Die Konstanten der Leitung seien die gleichen wie im Beispiel der ersten Hauptform. Es sind die Sekundärspannung U_2, die primären Leistungen und der Wirkungsgrad der Übertragung zu ermitteln.

Lösung. Wir berechnen zunächst die Scheinleistung, wenn die Leitung beim Verbraucher kurzgeschlossen ist; es ist

$$N_K = \frac{80200^2}{\sqrt{23{,}1^2 + 40^2}} = 139000 \text{ kVA}.$$

Nun bilden wir

$$y = \frac{N_{w2}}{N_K} = 0{,}206$$

und

$$x = \frac{N_{b2}}{N_K} = 0{,}103.$$

Diese Werte tragen wir in das Diagramm der Abb. 39a ein, in dem der Übersichtlichkeit halber nur einige Kreise eingezeichnet sind, und finden den Punkt S. (Dieser früher bereits erwähnte Punkt S des Diagrammes wurde so gewählt, daß er zugleich für dieses Beispiel gilt.) Der Punkt S liegt auf dem Kreis der oberen Kreisschar mit dem Radius 7,2 cm. Von S fällen wir die Senkrechte bis zum Punkt S' des Kreises der unteren Schar mit dem gleichen Radius. Die Strecke MS' ist also 7,2 cm lang und stellt die Spannung U_2 dar. Die Strecke MO, welche 10 cm lang ist und die Spannung U_1 darstellt, repräsentiert den Wert 80,2 kV. Danach ergibt sich für die Strecke MS' der Wert 57,7 kV (d. s. 100 kV verkettete Spannung). Man wird bemerken, daß es gar nicht nötig gewesen wäre, auf die untere Kreisschar überzugehen, wenn man nur das Spannungsverhältnis wissen will. Für uns handelt es sich aber darum, auch den Winkel ϑ zwischen den beiden Spannungen zu erhalten, und da ist es bequemer, die untere Kreisschar zu benützen. Man verlängert nun beide Strecken im gleichen Verhältnis so, daß die Strecke MS' gleich 10 cm wird; der Winkel ϑ bleibt unverändert. Die beiden so erhaltenen Strahlen legt man auf das Diagramm der Abb. 36, und zwar so, daß die verlängerte Strecke MS' auf die Strecke MO der Abb. 36 fällt. Der Endpunkt des Spannungsvektors U_1 gibt uns dann die Werte für η und ε in bekannter Weise an. Man erkennt, daß wir wieder auf den Punkt P der Abb. 36 kommen. In der Tat wurde das Beispiel so gewählt, daß dies zutrifft, wie der Leser aus den Zahlen schon erkannt haben wird. Es ist deshalb nicht nötig, weiter zu rechnen, es kann auf das Ergebnis des Beispiels der ersten Hauptform verwiesen werden.

Um in das Diagramm der ersten Hauptform gehen zu können, gibt es, wie bereits erwähnt, noch einen zweiten Weg. Da U_2 bekannt ist, können wir die Scheinleistung des verkehrten Kurzschlusses berechnen und finden

$$N_{Kv} = \frac{57700^2}{\sqrt{23{,}1^2 + 40^2}} = 71600 \text{ kVA}.$$

Nun bilden wir die Leistungsverhältnisse

$$\frac{N_{w2}}{N_{Kv}} = \frac{28650}{71600} = 0{,}4,$$

$$\frac{N_{b2}}{N_{Kv}} = \frac{14330}{71600} = 0{,}2;$$

das sind die Koordinaten des Punktes P in Abb. 35 und 36. Nun können wir η und ε ablesen wie vorher.

d) Arbeitsdiagramme. Wie bei der ersten Hauptform der Energieübertragung untersuchen wir auch hier das Verhalten der Leitung mit Hilfe von Arbeitsdiagrammen. Es ergeben sich wieder gewisse geometrische Örter.

Erstes Arbeitsdiagramm. Beziehung zwischen Wirk- und Blindleistung bei konstantem Spannungsverhältnis. Hier sind die Spannungsverhältniskreise selbst die geometrischen Örter des Endpunktes S des Scheinleistungsverhältnisses, das durch die Strecke OS dargestellt wird. Für jeden Punkt S kann man die zugehörige Wirk- und Blindleistung auf dem Koordinatensystem ablesen.

Zweites Arbeitsdiagramm. Abhängigkeit des Spannungsverhältnisses vom Leistungsverhältnis bei konstanter Phasenverschiebung. Der Endpunkt S der Strecke OS und damit die ganze Strecke OS liegen auf einer Geraden, die durch O geht und mit der X-Achse den Winkel φ_2 einschließt.

Drittes Arbeitsdiagramm. Abhängigkeit des Spannungsverhältnisses von der Phasenverschiebung φ_2 bei konstantem Scheinleistungsverhältnis. Der Endpunkt S des Scheinleistungsverhältnisses liegt auf der Peripherie eines Kreises mit dem Mittelpunkt O und dem Halbmesser OS.

Viertes Arbeitsdiagramm. Abhängigkeit des Spannungsverhältnisses vom Blindleistungsverhältnis bei konstanter Wirkleistung. Der Endpunkt des Scheinleistungsverhältnisses liegt auf einer Parallelen zur Abszissenachse im Abstand y von ihr.

Fünftes Arbeitsdiagramm. Abhängigkeit des Spannungsverhältnisses vom Wirkleistungsverhältnis bei konstanter Blindleistung. Der geometrische Ort des Endpunktes S des Scheinleistungsverhältnisses ist eine Gerade parallel zur Ordinatenachse im Abstand x von ihr.

Bemerkung. Bei dieser Form der Energieübertragung kann man für die Scheinleistung des Kurzschlusses noch eine andere Bedeutung ableiten. In Abb. 38 ist der Spannungseinheitskreis um den Punkt M gestrichelt eingezeichnet. Dieser schneidet die Leitlinie LL im Punkt L_m. Von diesem

Punkt aus geht man senkrecht nach oben bis zum Schnitt mit der Grenzparabel und findet den Punkt S_m. Die Strecke OS_m stellt das maximale Scheinleistungsverhältnis dar, das beim Spannungsverhältnis 1 übertragen werden kann. Aus Symmetriegründen sind die Strecken OS_m und OL_m (nicht gezeichnet) einander gleich. Also sind auch die Strecken OS_m und ML_m einander gleich und damit auch die Strecken OL_m und ML_m. Also ist die Strecke OS_m gleich der Einheit. Die Scheinleistung beim Kurzschluß ist demnach zugleich die maximale übertragbare Scheinleistung beim Spannungsverhältnis 1. Man nennt diese Leistung »charakteristische Leistung«.

Offenbar ist der Winkel ϑ zwischen der primären und sekundären Spannung bei der charakteristischen Leistung gleich 60^0. Auch bei der ersten Hauptform der Energieübertragung war beim Spannungsverhältnis und Scheinleistungsverhältnis 1 der Winkel ϑ gleich 60^0. Das muß natürlich so sein; denn in beiden Fällen liegen die gleichen Übertragungsverhältnisse vor.

Dies gibt Veranlassung zur folgenden Konstruktion. Man stelle für die zweite Hauptform der Energieübertragung die Spannungsverhältnisse und Winkel ϑ für alle Scheinleistungsverhältnisse fest, die auf der Grenzparabel liegen. Diese Werte übertrage man in bekannter Weise in das Diagramm der ersten Hauptform der Energieübertragung. Man erhält dann einen Kreis mit dem Radius 1 und O als Mittelpunkt (Abb. 34). Es ist dies der Kreis mit dem Scheinleistungsverhältnis 1. Aus diesem Grund wollen wir die Scheinleistung des verkehrten Kurzschlusses der ersten Hauptform der Energieübertragung ebenfalls als charakteristische Scheinleistung bezeichnen[1]).

Schließlich stellen wir mit Hilfe der Grenzparabel noch fest, wie sich die maximale Scheinleistung N_{2m} mit dem Spannungsverhältnis ändert und finden

$$N_{2m} = N_K \left(\frac{U_2}{U_1}\right)^2 \quad \text{. . . . . (53)}$$

[1]) Das gleiche wie die maximale Scheinleistung bei konstanter Primärspannung ist die minimale Primärspannung bei konstanter Scheinleistung (Erste Hauptform der Energieübertragung).

Praktisch kann die Grenzleistung kaum zur Übertragung kommen; denn erstens würde die Leitung bei Belastungsänderung zu spannungsempfindlich werden und zweitens würde der Wirkungsgrad unwirtschaftliche Werte annehmen. Trotzdem ist die Kenntnis der Grenzleistung beim Spannungsverhältnis 1 sehr wichtig, weil sie ein Charakteristikum der Leitung ist.

Die Gl. (53) ist dadurch begründet, daß die Grenzscheinleistungen um so größer werden, je größer die zur Übertragung gelangende voreilende Blindleistung ist. Man sieht aus dem Diagramm, daß auch die Höchstwerte der übertragbaren Wirkleistung mit jenen Scheinleistungen und Blindleistungen zunehmen, aber nur bis zu einer gewissen Grenze. Diese wird um so eher erreicht, je kleiner der Winkel ψ ist. Daraus folgt, daß auch in den Fällen, in denen die Spannung durch Änderung der Blindleistung reguliert werden soll, ein großer Winkel ψ günstig wirkt. Dies kann man auch sehr schön aus den Diagrammen der ersten Hauptform der Energieübertragung ablesen.

4. Dritte Hauptform der Energieübertragung.

Bei dieser Form der Energieübertragung ist die Spannung U_1 am Anfang der Leitung (Generatorende) und der Leitwert der Belastung am Ende der Leitung gegeben. Dieser Fall liegt vor, wenn eine Leitung am Ende beispielsweise mit einem leerlaufenden Transformator belastet ist; denn dieser stellt an seinen (angeschlossenen) Klemmen einen gewissen Leitwert dar. Zu den Leitwerten der Ableitung und der Leitungskapazität, die wir im Ersatzschema am Ende der Leitung anzunehmen haben, ist also ein weiterer Widerstand und außerdem noch eine Reaktanz parallel geschaltet. Wir haben dann am Ende der Leitung einen resultierenden Widerstand R_2 und hierzu parallel eine resultierende Reaktanz ωL_2 oder beim Überwiegen der Leitungskapazität eine resultierende »negative« Suszeptanz ωC anzunehmen.

Diese Aufgabe kann man bekanntlich mit Hilfe von Kreisdiagrammen, die durch Anwendung der konformen Abbildung (Inversion) gewonnen werden, lösen. Von der Anwendung dieser Lösungsmethode soll hier Abstand genommen werden, da sie in vielen Lehrbüchern behandelt ist. Der Verfasser will eine andere Methode angeben, die sich an die behandelten Diagramme anschließt und nach dem bisherigen leicht gefunden werden kann.

a) Spannungsverhältniskreise. Wir legen unserer Betrachtung wieder das Diagramm der Abb. 2 zugrunde. Die Gleichung hierfür lautet bekanntlich

$$U_1^2 = (U_2 + R\,J_w + \omega L\,J_b)^2 + (\omega L\,J_w - R\,J_b)^2;$$

nun ist, wenn R_2 der Widerstand und ωL_2 die hierzu parallel geschaltete Reaktanz am Ende der Leitung ist,

$$J_w = \frac{U_2}{R_2}; \quad J_b = \frac{U_2}{\omega L_2}; \quad \ldots\ldots \quad (54)$$

durch Substitution findet man

$$U_1^2 = \left(U_2 + \frac{R}{R_2}\,U_2 + \frac{\omega L}{\omega L_2}\,U_2\right)^2 + \left(\frac{\omega L}{R_2}\,U_2 - \frac{R}{\omega L_2}\,U_2\right)^2.$$

Man multipliziert beide Seiten der Gleichung mit $\frac{1}{U_2^2}$

$$\left(\frac{U_1}{U_2}\right)^2 = \left(1 + \frac{R}{R_2} + \frac{\omega L}{\omega L_2}\right)^2 + \left(\frac{\omega L}{R_2} - \frac{R}{\omega L_2}\right)^2 \quad . \; . \quad (55)$$

Auch in dieser Gleichung für das Spannungsverhältnis kommen nur Verhältniswerte vor; man kann also auch hier wieder Diagramme von allgemeiner Geltung entwerfen.

Man sieht, daß das Spannungsverhältnis als die Hypotenuse eines rechtwinkligen Dreiecks erscheint, dessen Katheten gegeben sind. Wir machen in Abb. 40 die Strecke MO gleich der Einheit und tragen in der Verlängerung von MO die Strecke OB gleich $\frac{R}{R_2}$ auf; R ist, wie bekannt, durch die Leitung bestimmt und für R_2 nehmen wir einen Wert an. In welcher Reihenfolge wir nun die anderen Verhältnisse auftragen, ist gleichgültig, wenn wir sie nur in der richtigen Richtung auftragen. Wir wählen für den weiteren Aufbau des Diagrammes die Strecke BC gleich $\frac{\omega L}{R_2}$ als nächste Strecke; diese muß nach der Gleichung senkrecht auf OB stehen. Wir haben jetzt ein rechtwinkliges Dreieck OBC. Wäre ωL_2 gleich unendlich, so wäre für diesen Fall das Diagramm fertig; denn die übrigen Strecken werden dann gleich Null. Die Strecke MC würde das gesuchte Spannungsverhältnis darstellen. Hätten wir beim Aufbau des Dreiecks OBC einen anderen Wert für R_2 gewählt, so hätten wir ein anderes Dreieck erhalten, der Punkt C würde aber immer auf der Geraden durch O und C liegen. Für ein unendlich großes ωL_2 haben wir am Ende der Leitung nur Wirkbelastung durch den Widerstand R_2, wir können also

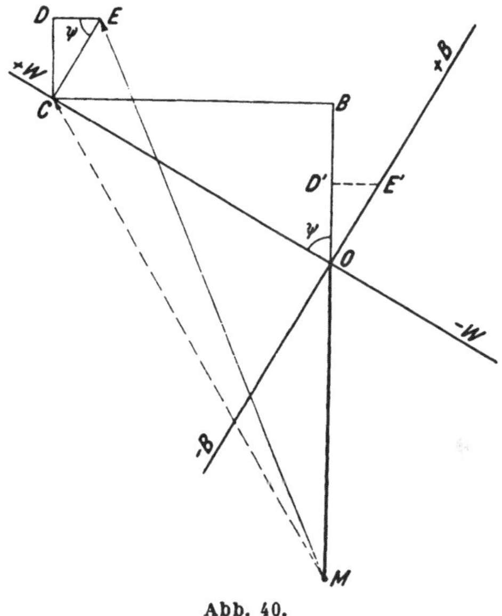

Abb. 40.

die Gerade durch O und C als die Achse der **reinen Wirkbelastung** betrachten. Wir bezeichnen diese Gerade als W-Achse.

Wir betrachten noch den Winkel BOC und bilden

$$\operatorname{tg} BOC = \frac{BC}{OB} = \frac{\omega L}{R},$$

das heißt

$$\sphericalangle BOC = \psi.$$

Dieser Winkel und damit die Lage der W-Achse ist also nur durch die Konstanten der **Leitung** bestimmt.

Wir bauen das Diagramm nun weiter auf unter der Annahme, daß ωL_2 einen endlichen Wert habe. Wir haben dann in C die Strecke CD gleich $\frac{\omega L}{\omega L_2}$ in Richtung der Strecke MO und die Strecke DE gleich $-\frac{R}{\omega L_2}$ senkrecht hierzu, aber in entgegengesetzter Richtung wie BC aufzutragen. Es ergibt sich wieder ein rechtwinkliges Dreieck CDE. Die Strecke ME stellt das gesuchte Spannungsverhältnis dar.

Wir betrachten den Winkel DEC und bilden

$$\operatorname{tg} DEC = \frac{CD}{DE} = -\frac{\omega L}{R},$$

also ist

$$\sphericalangle DEC = \psi;$$

auch dieser Winkel ist nur durch die Leitungskonstanten bestimmt. Offenbar muß die Strecke CE senkrecht auf der W-Achse stehen.

Für den Fall, daß der Widerstand R_2 den Wert unendlich annimmt, schrumpft das Dreieck OBC auf den Punkt O zusammen und das andere Dreieck hat die Lage $OD'E'$. Der Eckpunkt E' bewegt sich für alle Werte von ωL_2 auf der Geraden durch O und E', die wir B-Achse nennen, weil auf ihr der Fall der reinen Blindbelastung dargestellt wird.

Wir haben nun ein Achsenkreuz gefunden, dessen Verlängerung über O hinaus für generatorische Wirklast bzw. für kapazitive Blindlast gilt. In den Quadranten dieses Achsenkreuzes liegen alle Fälle der Belastung durch Ohmschen Widerstand mit paralleler Reaktanz. Zu diesem Achsenkreuz soll nun das Koordinatennetz gezeichnet werden. Am besten geht man dabei so vor, daß man R_2 und ωL_2 in Vielfachen von R und ωL annimmt und die Achsen selbst einteilt. Man nimmt zu diesem Zweck zunächst ωL_2 als unendlich an und setzt für R_2 verschiedene Werte ein. Man erhält dann die Einteilung der W-Achse. Dann nimmt man R_2 als unendlich an und setzt für ωL_2 verschiedene Werte ein und erhält die Einteilung der B-Achse und nunmehr kann man das Netz zeichnen (Abb. 41). Dies wird nachher für das Beispiel noch näher erläutert.

Der geometrische Ort für konstantes Spannungsverhältnis ist natürlich wieder ein Kreis mit M als Mittelpunkt. Man zeichnet im Maßstab der MO-Linie eine Schar von Kreisen für verschiedene Spannungsverhältnisse ein, wie es im Diagramm der ersten Hauptform geschehen ist.

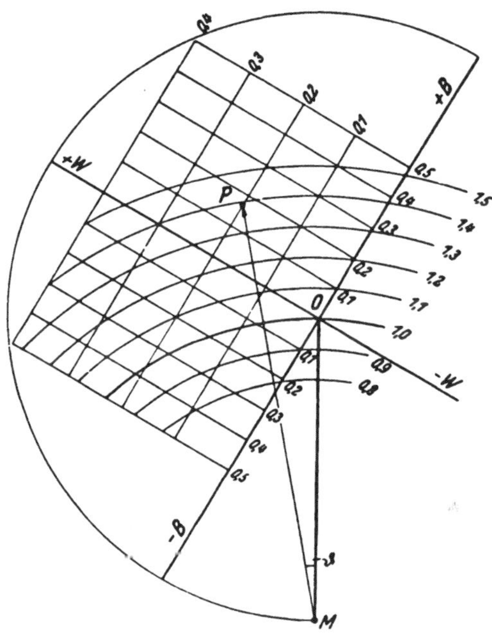

Abb. 41.

Wenn das Spannungsverhältnis bekannt ist, kann man die gesuchte Sekundärspannung, die durch MO dargestellt wird, leicht berechnen, weil die Primärspannung bekannt ist. Auch den Winkel ϑ zwischen den Spannungsvektoren kann man aus dem Diagramm entnehmen. An Hand eines praktischen Beispiels soll dies noch näher erläutert werden.

b) Leistungen, Verluste, Wirkungsgrad. Die Auffindung dieser Größen ist sehr einfach. Wir kennen aus dem eben beschriebenen Diagramm die Sekundärspannung U_2. Mit Hilfe dieser Spannung berechnen wir die Scheinleistung des verkehrten Kurzschlusses und legen das Diagramm der Abb. 41 auf das Diagramm der Abb. 35 und 36 der ersten Hauptform der Energieübertragung. Die Größen y und x geben die Leistungsverhältnisse an, ferner finden wir die Phasenverschiebung φ_2, den Wirkungsgrad η und den Wert für ε. Damit sind alle Größen bekannt, die uns interessieren.

c) **Beispiel** 7. Eine Leitung von 100 km Länge wird am Anfang mit der Spannung $U_1 = 80{,}2$ kV (139 kV verkettet) gespeist. Der Widerstand der Leitung sei $R = 23{,}1$ Ohm; $\omega L = 40$ Ohm. Die Belastung am Ende der Leitung bestehe aus der Parallelschaltung des Widerstandes $R_2 = 115{,}5$ Ohm und der Reaktanz $\omega L_2 = 233$ Ohm. Gesucht sind die sekundäre Spannung U_2, die Leistungen sekundär und primär, die Verluste und der Wirkungsgrad.

Lösung. Es soll zunächst gezeigt werden, wie man das Diagramm selbst aufstellt. Man macht die Strecke MO gleich der Einheit, beispielsweise gleich 10 cm, und trägt das Koordinatenkreuz in bekannter Weise um den Winkel ψ vorgedreht auf (Abb. 41).

Nun nehmen wir in Gl. (55) ωL_2 zunächst als unendlich groß an und erhalten für das Spannungsverhältnis

$$\left(\frac{U_1}{U_2}\right)^2 = \left(1 + \frac{R}{R_2}\right)^2 + \left(\frac{\omega L}{R_2}\right)^2$$

oder die Werte eingesetzt

$$\left(\frac{U_1}{U_2}\right)^2 = \left(1 + \frac{23{,}1}{R_2}\right)^2 + \left(\frac{40}{R_2}\right)^2.$$

Nun nehmen wir für R_2 den Wert 231 an und erhalten

$$\left(\frac{U_1}{U_2}\right)^2 = 1{,}1^2 + 0{,}173^2;$$

wir haben also in Richtung der Strecke $MO = 1$ im Punkt O die Strecke 0,1 (also gleich 1 cm) und senkrecht hierzu nach links die Strecke 0,173 (also gleich 1,73 cm) aufzutragen und erhalten dann auf der W-Achse einen Punkt, den wir mit 0,1 bezeichnen.

Man erkennt, daß man das Auftragen noch wesentlich vereinfachen kann. Man trägt im Punkt O auf der Verlängerung von MO die Strecken 0,1; 0,2; 0,3 . . . auf und geht von diesen Punkten senkrecht zu der Strecke MO bis zu der W-Achse, womit die Einteilung dieser Achse gefunden ist.

Um die Einteilung der B-Achse zu finden, geht man in ähnlicher Weise vor. Man kann auch hier das oben erwähnte Verfahren zur Einteilung der B-Achse verwenden. Nunmehr kann man das vollständige Koordinatennetz fertig zeichnen, wie es in Abb. 41 geschehen ist.

Jetzt bilden wir

$$w = \frac{R}{R_2} = \frac{23{,}1}{115{,}5} = 0{,}2$$

und

$$b = \frac{\omega L}{\omega L_2} = \frac{40}{233} = 0{,}1715.$$

In Abb. 41 entspricht der Punkt P diesen Koordinaten. Die Strecke MP gleich 13,9 cm stellt die Spannung 80,2 kV dar, also stellt die Strecke MO gleich 10 cm die Spannung U_2

$$U_2 = 80{,}2 \frac{10}{13{,}9} = 57{,}7 \text{ kV}$$

dar.

Nun legen wir das Diagramm der Abb. 41 auf das der Abb. 35 und 36. Es zeigt sich, daß die Punkte P der beiden Abbildungen sich decken. Es wurden nämlich die Werte von R_2 und ωL_2 so gewählt, daß dies eintrifft. Hinsichtlich der Berechnung der anderen Größen kann deshalb auf das Beispiel der ersten Hauptform der Energieübertragung verwiesen werden.

d) Arbeitsdiagramme. Wir erhalten hier zwei Arbeitsdiagramme, wenn wir annehmen, daß die Widerstände am Ende der Leitung veränderlich sind.

Erstes Arbeitsdiagramm. Der Blindwiderstand ωL_2 ist konstant, der Wirkwiderstand R_2 ist variabel. Der geometrische Ort für das Spannungsverhältnis ist eine Gerade parallel zur W-Achse. Dieses Arbeitsdiagramm liefert die gleichen Resultate wie die bekannten Kreisdiagramme.

Zweites Arbeitsdiagramm. Der Wirkwiderstand ist konstant und der Blindwiderstand veränderlich. Der geometrische Ort für das Spannungsverhältnis ist eine Gerade parallel zur B-Achse.

In beiden Fällen geht man noch in das Diagramm der ersten Hauptform der Energieübertragung, um die Leistungen, Verluste und die Werte für η und ε zu erhalten.

Bemerkung. Man kann auch bei dieser Hauptform der Energieübertragung von maximalen übertragbaren Leistungen sprechen, die bei den verschiedenen Spannungsverhältnissen auftreten. Man erhält sie am einfachsten, wenn man die bei der Grenzparabel auftretenden Spannungsverhältnisse der zweiten Hauptform der Energieübertragung in das Diagramm der dritten Hauptform überträgt. Man findet dann als geometrischen Ort für die Spannungsverhältnisse derjenigen Widerstände, die eine maximale Leistung ergeben, einen Kreis um den Punkt O mit dem Radius gleich der Einheit (also z. B. 10 cm). Dieser Kreis ist in Abb. 41 eingezeichnet. Dies läßt sich mathematisch beweisen, aber auch durch Überlegung kann man die Richtigkeit dieser Tatsache erkennen.

5. Ergänzungen.

Wir haben bis jetzt die Energieübertragung auf langen Leitungen unter einfachen Bedingungen betrachtet. In der Praxis kommt es sehr häufig vor, daß die Energieübertragung mit Hilfe von Doppelleitungen erfolgt; ferner sind meist am Anfang und Ende der Leitung Transformatoren vorhanden; manchmal ist die Leitung mehrfach, d. h. in mehreren Punkten belastet, und endlich ist man bei sehr langen Leitungen gezwungen, die Leitung mit Kompensationseinrichtungen zu versehen, um den Einfluß der Leitungseigenschaften zu mildern. Es soll in diesem Abschnitt gezeigt werden, wie man auch diese Fälle im Diagramm berücksichtigen kann.

a) Doppelleitungen. Bei der Übertragung der Energie auf große Entfernungen verwendet man meist Doppelsysteme von Leitungen, die am Anfang und Ende der Leitung parallelgeschaltet sind. Wir bezeichnen die Widerstände des einen Systems mit dem Index a und die des anderen Systems mit dem Index b. Nun berechnen wir nach den Gesetzen der Wechselstromtheorie die Widerstände eines einfachen Systems, durch das das Doppelsystem ersetzt werden kann. Es ist dann der Widerstand R des einfachen Systems

$$R = \frac{R_a (R_b^2 + \omega^2 L_b^2) + R_b (R_a^2 + \omega^2 L_a^2)}{(R_a + R_b)^2 + (\omega L_a + \omega L_b)^2} \quad . \quad . \quad (56)$$

und die Reaktanz ωL

$$\omega L = \frac{\omega L_a (R_b^2 + \omega^2 L_b^2) + \omega L_b (R_a^2 + \omega^2 L_a^2)}{(R_a + R_b)^2 + (\omega L_a + \omega L_b)^2} \quad . \quad (57)$$

Für dieses System entwirft man das Diagramm und verfährt weiter wie oben gezeigt wurde.

Will man wissen, wie viel Energie jedes System hierbei überträgt, dann zeichnet man noch die Diagramme für jedes einzelne System und sieht zu, welche Leistungen beim gleichen Spannungsverhältnis und bei gleichem Spannungswinkel ϑ von jedem System übertragen werden. Haben beide Systeme die gleichen Konstanten, dann braucht man natürlich nur die Leistungen des Ersatzsystems durch 2 zu dividieren.

b) Leitung mit Transformatoren. Wenn die Leitung nicht direkt belastet und gespeist wird, sondern über Transformatoren, dann müssen auch deren Spannungsabfall und Verluste berücksichtigt werden. Dabei geht man zweckmäßigerweise so vor, daß man für die Transformatoren eine Ersatzschaltung einführt. Nach der Theorie der Transformatoren kann man für

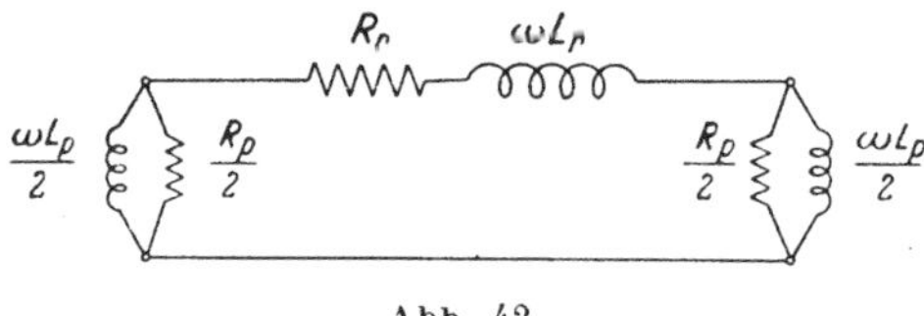

Abb. 42.

einen Transformator die Schaltung nach Abb. 42 setzen. Sie besteht aus einer Kombination von in Reihe und parallel geschalteten Widerständen und Reaktanzen. Durch die in Reihe geschalteten Widerstände R_r und ωL_r wird der Ohmsche und induktive Spannungsabfall des Transformators nachgebildet. Die Eisenverluste ersetzt man durch Kupferverluste in den Widerständen R_p und die Blindleistung für die Magnetisierung des Eisens ersetzt man durch die Blindleistung in den Reaktanzen ωL_p. Für die Berechnung der Größe dieser Ersatzwiderstände und Ersatzreaktanzen wählt man eine Bezugsspannung U (kV verkettete Spannung), die für die Berechnung der Leitung maßgebend ist.

Wenn V_{Cu} die Kupferverluste des Transformators sind, gemessen in Watt, die bei der Scheinleistung N (kVA) des Transformators in den drei Phasen auftreten, so wird der Widerstand R_r pro Phase

$$R_r = \frac{V_{Cu}\, U^2}{N^2} \text{ (Ohm)} \qquad (58)$$

Wenn u_s die Streuspannung in % der Normalspannung ist, so erhält man für die Reaktanz ωL_r pro Phase

$$\omega L_r = \frac{10\, u_s\, U^2}{N} \text{ (Ohm)} \qquad (59)$$

Die Parallelwiderstände braucht man nicht zu berechnen. Man teilt die Eisenverluste und die Blindleistung für die Magnetisierung durch 3 und verlegt je die Hälfte der gefundenen Leistungen an den Anfang und das Ende der Ersatzschaltung.

Vergleicht man die Ersatzschaltung der Abb. 42 mit der Schaltung der Abb. 33, so erkennt man aus der Ähnlichkeit beider Schaltungen, daß der Transformator in seiner Wirkung als eine Leitung aufgefaßt werden kann. Wir können demnach die Transformatoren mit Hilfe der gleichen Diagramme behandeln, die wir für die Leitungen kennengelernt haben. Für eine Leitung mit Transformatoren am Anfang und Ende erhalten wir die Ersatzschaltung der Abb. 43.

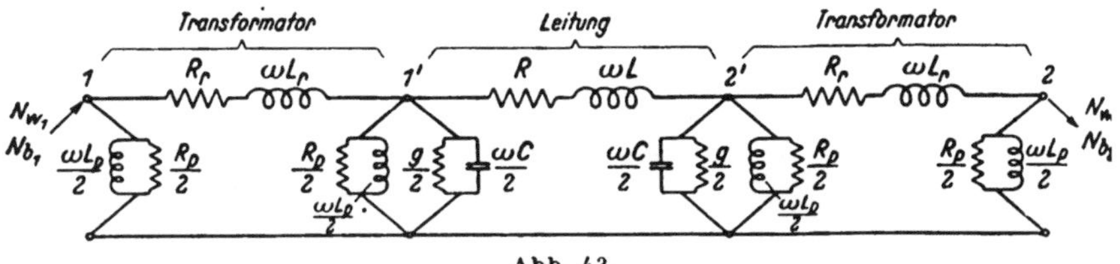

Abb. 43.

Wenn die erste Hauptform der Energieübertragung vorliegt, gehen wir vor wie folgt. Wir zeichnen für die Transformatoren und für die Leitung aus den gegebenen Daten die Diagramme nach Abb. 35 und 36. Zu den gegebenen Wirk-

und Blindleistungen des Verbrauchers in *2* zählen wir die halben Eisenverluste und die halbe Blindleistung für die Magnetisierung hinzu und berechnen mit Hilfe des Diagrammes die Leistungen in *2'*, herrührend von den Belastungen in *2*, ferner die Spannung in *2'*. Zu den so gewonnenen Leistungen zählen wir die Leistungen in $\frac{R_v}{2}$ und $\frac{\omega L_v}{2}$ und in $\frac{y}{2}$, die alle in Punkt *2'* auftreten, und damit haben wir die Belastung der Leitung im Punkt *2'* gewonnen.

Mit Hilfe des Diagrammes für die Leitung finden wir nun die Spannung im Punkt *1'* sowie alle Leistungen herrührend von der Belastung in *2'*. Hierzu zählt man die zusätzlichen Belastungen in *1'* durch die Verluste in $\frac{R_v}{2}$ und $\frac{\omega L_v}{2}$ sowie in $\frac{y}{2}$ und hat damit die Belastung des Transformators in *1'* gewonnen.

Mit Hilfe des Diagrammes für diesen Transformator kann man nun endlich Spannung und Leistungen im Punkt *1* ermitteln und damit ist die Aufgabe gelöst.

Die d r i t t e Hauptform der Energieübertragung liegt dann vor, wenn das ganze System leerläuft. Man rechnet in diesem Falle die Widerstände R_v und ωL_v aus den Verlusten und der Blindleistung der Magnetisierung aus. Nun kann man entweder für die ganze Schaltung eine neue Ersatzschaltung ähnlich Abb. 33 setzen, oder man arbeitet mit den einzelnen Diagrammen wie vorher bei der ersten Hauptform der Energieübertragung. Die Diagramme nach Abb. 41 benützt man in letzterem Fall zunächst zur Auffindung der Spannungsverhältnisse in *2'*, dann in *1'* und *1*, indem man die Spannung in *2* gleich der Einheit setzt. Da die Spannung in *1* bekannt ist, kann man mit den gefundenen Spannungsverhältnissen die Spannungen in allen Punkten ausrechnen und kann nunmehr mit den Diagrammen der e r s t e n Hauptform der Energieübertragung arbeiten.

c) Die mehrfach belastete Leitung. Wir nehmen an, eine Leitung sei nicht nur am Ende, sondern noch außerdem in einem Punkt längs der Leitung belastet, beispielsweise in der Mitte. Wir erhalten dann die Ersatzschaltung der Abb. 44. Wenn die beiden Leitungsteile rechts und links vom mittleren

Verbraucher die gleichen Konstanten haben, was in der Regel zutreffen wird, brauchen wir nur ein einziges Diagramm zu entwerfen. Dies gilt natürlich auch für den Fall, daß die Belastung in *2'* nicht in der Mitte liegt; denn das Diagramm hängt nur von den kilometrischen Widerständen ab. Sind die Konstanten der Leitungsabschnitte verschieden, so braucht man zwei Diagramme. Wenn die erste Hauptform der Energieübertragung vorliegt, ist die Lösung ganz ähnlich wie vorher bei Berücksichtigung der Transformatoren. Man geht wieder vom Punkt *2* der Leitung aus, ermittelt die dort herrschenden Belastungen und findet mit Hilfe des Diagrammes die Belastungen im Punkt *2'* herrührend von der Belastung im

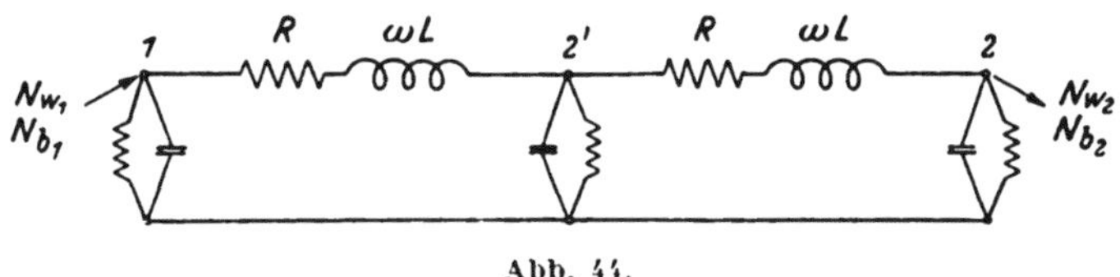

Abb. 44.

Punkt *2*, ferner die Spannung in *2'*. Zu diesen Belastungen zählt man noch die zusätzlichen Belastungen in *2'*, herrührend von der Ableitung und Kapazität der Leitungen und kann schließlich wieder mit Hilfe des Diagrammes die Zustände im Punkt *1* der Leitung berechnen.

Wenn man die Belastungen zwangsweise auf die Punkte *2*, *2'* und *1* verteilen muß, dann ist darauf zu achten, daß alle Wirk- und Blindleistungen je für sich Null ergeben, d. h. es müssen die zugeführten Leistungen gleich den abgenommenen sein.

Wenn sich ergibt, daß die Spannungen in *2'* oder in *1* unerwünschte Werte annehmen, kann man mit Hilfe der Diagramme leicht finden, welche zusätzliche Blindleistung man in *2* oder in *2'* hinzufügen muß, um die gewünschten Spannungen zu erhalten. Natürlich kann man die gewünschten Spannungen auch mit Hilfe von Zusatztransformatoren einregulieren.

d) Ersatzwiderstände und Ersatzleitwerte. Wir haben bis jetzt angenommen, daß man die Ersatzwiderstände und Ersatzleitwerte der Schaltung nach Abb. 33 in der Weise erhält, daß man die Beläge mit der Länge der Leitung multipliziert. Wie bereits erwähnt wurde, ist dies für Freileitungen bis ca. 200 km Länge zulässig, wenn die Frequenz 50 Hertz beträgt. Im folgenden soll nun gezeigt werden, wie man die Ersatzwerte für längere Leitungen zu berechnen hat.

Wir bezeichnen wieder die kilometrischen Werte mit dem Index 0; dann ist nach der Theorie der Ersatzschaltungen für die Ersatzimpedanz Z der Leitung zu setzen

$$Z = \sqrt{\frac{\sqrt{R_0^2 + \omega^2 L_0^2}}{\sqrt{g_0^2 + \omega^2 C_0^2}}} \cdot \mathfrak{Sin}\, l \sqrt{\sqrt{R_0^2 + \omega^2 L_0^2}\sqrt{g_0^2 + \omega^2 C_0^2}} \qquad (60)$$

Diese Formel ist gewöhnlich in den Lehrbüchern der Wechselstromtheorie angegeben. Die Kenntnis von Z allein genügt aber noch nicht zum Entwurf des Diagrammes, wir müssen noch die Werte des Ersatzwiderstandes R und der Ersatzreaktanz ωL sowie den Winkel ψ wissen. Da der Verfasser hierfür keine Formeln in der Literatur gefunden hat, sollen sie hier abgeleitet werden. Wir benützen dabei der Einfachheit halber die komplexe Rechnung. Es soll aber im Anschluß daran der Rechnungsgang auch für solche Leser beschrieben werden, die mit der komplexen Rechnung nicht vertraut sind.

Wir schreiben die Gl. (60) so an[1])

$$Z = \sqrt{\frac{\omega L_0 + j R_0}{\omega C_0 + j g_0}} \cdot \mathfrak{Sin}\, l \sqrt{(\omega L_0 + j R_0)(\omega C_0 + j g_0)}; \qquad (60')$$

dafür können wir schreiben

$$Z e^{j\psi} = z e^{j\zeta}\, \mathfrak{Sin}\, l k e^{j\varkappa} \quad \ldots\ldots \quad (60\,\mathrm{a})$$

Für den Faktor vor dem $\mathfrak{Sin}$ können wir auch schreiben

$$z e^{j\zeta} = z \cos \zeta + j z \sin \zeta.$$

[1]) Schreibt man in den partiellen Differentialgleichungen der langen Leitung Widerstand und Leitwert in der Form $(R_0 - j\omega L_0)$ und $(g_0 - j\omega C_0)$, dann erscheinen im Integral der Wellenwiderstand und die komplexe Kreiswellendichte mit Wurzelausdrücken behaftet, wie sie in Gl. (60') angeschrieben sind. Deshalb wurde diese Schreibweise gewählt.

Nun wenden wir uns zum Argument des $\mathfrak{Sin}$. Es ist

$$lke^{j\varkappa} = lk\cos\varkappa + jlk\sin\varkappa$$

und

$$\mathfrak{Sin}\,(lke^{j\varkappa}) = (\mathfrak{Sin}\,lk\cos\varkappa)\,\mathfrak{Cof}\,j\,(lk\sin\varkappa) + \\ + \mathfrak{Cof}\,(lk\cos\varkappa)\cdot\mathfrak{Sin}\,j\,(lk\sin\varkappa).$$

Nun ist

$$\mathfrak{Cof}\,j\,x = \cos x;\ \ \mathfrak{Sin}\,j\,x = j\sin x;$$

also ist

$$\mathfrak{Sin}\,(lke^{j\varkappa}) = [\mathfrak{Sin}\,(lk\cos\varkappa)]\,[\cos(lk\sin\varkappa)] + \\ + j\,[\mathfrak{Cof}\,(lk\cos\varkappa)]\,[\sin(lk\sin\varkappa)].$$

Die beiden gefundenen Faktoren müssen miteinander multipliziert werden. Der reelle Teil dieses Produktes stellt die Ersatzreaktanz ωL dar; es ist also

$$\omega L = z\cos\zeta\,[\mathfrak{Sin}\,(lk\cos\varkappa)]\,[\cos(lk\sin\varkappa)] - \\ - z\sin\zeta\,[\mathfrak{Cof}\,(lk\cos\varkappa)]\,[\sin(lk\sin\varkappa)]; \quad \ldots \quad (61)$$

der imaginäre Teil des Produktes stellt den Ersatzwiderstand R dar; es ist also

$$R = z\sin\zeta\,[\mathfrak{Sin}\,(lk\cos\varkappa)]\,[\cos(lk\sin\varkappa)] + \\ + z\cos\zeta\,[\mathfrak{Cof}\,(lk\cos\varkappa)]\,[\sin(lk\sin\varkappa)]; \quad \ldots \quad (62)$$

ferner ist

$$\operatorname{tg}\psi = \frac{\omega L}{R}\,;\ \ \psi = \operatorname{arctg}\frac{\omega L}{R}\,;$$

und die Impedanz Z

$$Z = \sqrt{R^2 + \omega^2 L^2}.$$

Ein Zahlenbeispiel wird den Gang der Rechnung noch deutlicher machen. Wir wählen wieder die von den früheren Beispielen her bekannte Leitung, und zwar wollen wir die Ersatzwerte für eine Leitung von 1000 km Länge berechnen.

Wir finden

$$z = 10^3\sqrt{\frac{\sqrt{0{,}231^2 + 0{,}4^2}}{\sqrt{0{,}1^2 + 3{,}08^2}}} = 387{,}16$$

und berechnen

$$\operatorname{tg}\zeta_1 = \frac{R_0}{\omega L_0}\,;\ \ \zeta_1 = 30{,}0166^0;\ \ \operatorname{tg}\zeta_2 = \frac{g_0}{\omega C_0}\,;\ \ \zeta_2 = 1{,}1^0;$$

nun bilden wir

$$\zeta_1 - \zeta_2 = 28{,}916^0$$

und erhalten für

$$\zeta = \frac{\zeta_1 - \zeta_2}{2} = 14^0\,27{,}5'.$$

Nun berechnen wir

$$z \cos \zeta = 387{,}16 \cos 14^0\,27{,}5' = 375;$$
$$z \sin \zeta = 387{,}16 \sin 14^0\,27{,}5' = 96{,}4;$$

damit ist der erste Faktor des Produktes **auf** der rechten Seite der Gl. (60a) berechnet.

Nun berechnen wir k

$$k = 10^{-3} \sqrt{\sqrt{0{,}4^2 + 0{,}213^2}\sqrt{3{,}08^2 + 0{,}1^2}} = 1{,}193 \cdot 10^{-3};$$

diesen Wert haben wir mit der Länge der Leitung (1000 km) zu multiplizieren; es ist

$$l k = 1{,}193.$$

Nun berechnen wir

$$\varkappa = \frac{\zeta_1 + \zeta_2}{2} = 15^0\,33{,}5'$$

und bilden

$$l k \cos \varkappa = 1{,}193 \cos 15^0\,33{,}5' = 1{,}148;$$
$$l k \sin \varkappa = 1{,}193 \sin 15^0\,33{,}5' = 0{,}32.$$

Alle diese gefundenen Werte setzen wir in die Gleichungen für ωL und R ein; es ist dann

$$\omega L = 375\,[\mathfrak{Sin}\,1{,}148]\,[\cos 0{,}32] - 96{,}4\,[\mathfrak{Cof}\,1{,}148]\,[\sin 0{,}32];$$
$$R = 96{,}4\,[\mathfrak{Sin}\,1{,}148]\,[\cos 0{,}32] + 375\,[\mathfrak{Cof}\,1{,}148]\,[\sin 0{,}32].$$

Einem Bogen von 3,141 entsprechen 180°; einem Bogen von 0,32 entsprechen also 18° 27′. Mit Hilfe der Tafeln für die Hyperbelfunktionen in der »Hütte« findet man

$$\omega L = 375 \cdot 1{,}42 \cdot 0{,}949 - 96{,}4 \cdot 1{,}74 \cdot 0{,}31$$
$$\omega L = 506 - 52$$
$$\omega L = 454 \text{ (Ohm)}$$

und

$$R = 96{,}4 \cdot 1{,}42 \cdot 0{,}949 + 375 \cdot 1{,}74 \cdot 0{,}31$$
$$R = 129{,}6 + 202{,}5$$
$$R = 332{,}1 \text{ (Ohm)};$$

also ist

$$\operatorname{tg} \psi = \frac{\omega L}{R} = 1{,}368; \quad \psi = 53^0\,25'$$

und

$$Z = \sqrt{454^2 + 332{,}1^2} = 562 \text{ (Ohm)}.$$

Führt man diese Rechnungen für verschiedene Längen durch, so erhält man die in der nachfolgenden Zahlentafel angegebenen Werte. In Klammern sind jeweils die Werte eingetragen, die man erhält, wenn man einfach den Widerstandsbelag R_0 und den Reaktanzbelag ωL_0 mit der Länge der Leitung multipliziert, ohne die Formel (60) zu beachten.

Zahlentafel 1.

l km	ωL Ohm	R Ohm	Z Ohm	ψ Grad
200	80,47 (80)	46,95 (46,2)	93,2 (92,4)	59° 50′ (60°)
400	164,8 (160)	99,05 (92,4)	192,5 (184,8)	59° (60°)
600	251,3 (240)	159,5 (138,6)	302 (277,2)	57° 30′ (60°)
800	347,3 (320)	235,8 (184,8)	423 (369,6)	55° 30′ (60°)
1000	454 (400)	332,1 (231)	562 (462)	53° 25′ (60°)
1200	570,8 (480)	457,5 (277,2)	750 (554,4)	51° (60°)
1400	703,5 (560)	631 (323,4)	945 (646,8)	48° 5′ (60°)

Man sieht aus der Zahlentafel, daß bei einer Leitungslänge von 200 km der Fehler kleiner als 1% ist, wenn man statt der Formel (60) die einfache Formel anwendet, wonach die kilometrischen Werte mit der Leitungslänge multipliziert werden. Man kann also bis zu dieser Länge mit der einfachen Formel rechnen. Von da ab muß man aber mit der genauen Formel arbeiten, weil sonst die Fehler zu groß werden.

Für die Admittanz $y/2$ am Anfang und Ende der Leitung gilt folgende Gleichung

$$\frac{1}{2}y = \frac{1}{\sqrt{\frac{\sqrt{\omega^2 L_0^2 + R_0^2}}{\sqrt{\omega^2 C_0^2 + g_0^2}}}} \cdot \frac{\mathfrak{Sin}\, l \sqrt{\sqrt{\omega^2 L_0^2 + R_0^2} \cdot \sqrt{\omega^2 C_0^2 + g_0^2}}}{1 + \mathfrak{Cos}\, l \sqrt{\sqrt{\omega^2 L_0^2 + R_0^2} \cdot \sqrt{\omega^2 C_0^2 + g_0^2}}} \quad \ldots (63)$$

Um die Werte für $\frac{\omega C}{2}$ und $\frac{g}{2}$ zu erhalten, kann man wieder den gleichen Weg gehen wie vorher. Wenn man mit Hilfe der komplexen Rechnung arbeitet, ist die Rechnung ganz einfach. Will man den reellen und imaginären Teil der Gleichung separieren, dann wird die Rechnung zwar nicht schwierig, aber doch recht umständlich. Wer mit der komplexen Rechnung nicht vertraut ist, dem empfiehlt der Verfasser, folgenden Weg zu gehen, der zu einer Näherungslösung führt.

Man berechnet $y/2$ nach der Gl. (63). Wenn dieser Wert gefunden ist, führt man die Rechnung nochmals durch, setzt aber dabei $g_0 = 0$; schließlich führt man die Rechnung nochmals durch, setzt jetzt aber $\omega C_0 = 0$. Mit der ersten Rechnung erhält man $y/2$; mit der zweiten Rechnung $\frac{\omega C}{2}$ und mit der dritten Rechnung $\frac{g}{2}$. Damit hat man alle Werte gefunden, welche man für die Ersatzschaltung braucht.

Wir wollen die Richtigkeit des vorgeschlagenen Weges an einem Beispiel prüfen. Wir wählen hierzu aber nicht die bis jetzt stets verwendete Leitung, weil ihre Ableitung g_0 zu klein ist gegenüber ωC_0. Wir wählen

$$\sqrt{\omega^2 L_0^2 + R_0^2} = 0{,}211\,;$$
$$\sqrt{\omega^2 C_0^2 + g_0^2} = \sqrt{5{,}25^2 + 3{,}0^2} \cdot 10^{-6} = 6{,}05 \cdot 10^{-6}\,;$$

die Leitungslänge wird zu 1000 km angenommen.

Die erste Rechnung ergibt

$$\frac{y}{2} = 2{,}8 \cdot 10^{-3}\,; \quad (3{,}025 \cdot 10^{-3}) \text{ (Siemens)};$$

in Klammern ist der Wert beigefügt, der sich nach der einfachen Formel ergeben würde.

Die zweite Rechnung ergibt

$$\frac{y}{2} = \frac{\omega C}{2} = 2{,}415 \cdot 10^{-3}\,; \quad (2{,}625 \cdot 10^{-3}) \text{ (Siemens)}.$$

Die dritte Rechnung ergibt

$$\frac{y}{2} = \frac{g}{2} = 1{,}42 \cdot 10^{-3}\,; \quad (1{,}5 \cdot 10^{-3}) \text{ (Siemens)}.$$

Nun bilden wir

$$\frac{1}{2}\sqrt{\omega^2 C^2 + g^2} = \frac{10^{-3}}{2}\sqrt{2{,}415^2 + 1{,}42^2} = 2{,}8 \cdot 10^{-3} \text{ (Siemens)}$$

und finden denselben Wert, den die erste Rechnung geliefert hat. Damit ist gezeigt, daß der vorgeschlagene Weg brauchbare Resultate liefert. Es muß aber ausdrücklich davor gewarnt werden, dieses Verfahren etwa auch zur Berechnung von R und ωL anzuwenden.

Nun wenden wir uns wieder zur Leitung, die wir in den Beispielen behandelt haben und rechnen unter Vernachlässigung der kleinen Ableitungsverluste die Werte von $\frac{\omega C}{2}$ aus für verschiedene Leitungslängen. Die Rechnung ergibt die in folgender Zahlentafel zusammengestellten Resultate. In Klammern sind wieder die Werte beigesetzt, die die einfache Formel ergeben würde.

Zahlentafel 2.

$l =$	200	400	600	800
$\frac{\omega C}{2} =$	$302 \cdot 10^{-6}$ ($308 \cdot 10^{-6}$)	$600 \cdot 10^{-6}$ ($616 \cdot 10^{-6}$)	$888 \cdot 10^{-6}$ ($924 \cdot 10^{-6}$)	$1142 \cdot 10^{-6}$ ($1232 \cdot 10^{-6}$)

$l =$	1000	1200	1400 (km)
$\frac{\omega C}{2} =$	$1373 \cdot 10^{-6}$ ($1540 \cdot 10^{-6}$)	$1586 \cdot 10^{-6}$ ($1848 \cdot 10^{-6}$)	$1765 \cdot 10^{-6}$ (Siemens) ($2156 \cdot 10^{-6}$) (Siemens)

Man sieht auch hier, daß man für Leitungslängen bis zu 200 km mit der einfachen Formel rechnen darf. Bei größeren Längen muß man sich jedoch an die genaue Formel (63) halten; die Ladeleistungen würden sonst zu groß werden.

e) **Beispiel** *8*. Auf Grund der im vorhergehenden Abschnitt gewonnenen Resultate können wir noch ein interessantes Beispiel rechnen, und zwar wollen wir die leerlaufende Leitung untersuchen unter Annahme verschiedener Leitungslängen.

Gegeben sei die Spannung U_1 am Leitungsanfang zu 110 kV. Leitungen von vielen hundert Kilometern würde man in der Praxis zwar mit höheren Spannungen speisen; wir wollen aber trotzdem diese Spannung beibehalten, um die Leerlaufleistungen mit den Belastungen unserer früheren Beispiele vergleichen zu können. Gesucht ist die Spannung U_2 am Ende der Leitung, ferner die Leistungen, welche die Leitung im Leerlauf am Anfang aufnimmt, also die Werte N_{w1} und N_{b1}.

Es liegt hier der Fall der dritten Hauptform der Energieübertragung vor, so daß das Diagramm der Abb. 41 gilt. Am Ende der Leitung ist ein Kondensator mit der Kapazität $\frac{\omega C}{2} = \omega C_2$ eingeschaltet. Wir müssen nun das Verhältnis der Leitungsreaktanz zur Belastungsreaktanz bilden, also im vorliegenden Fall der kapazitiven Belastung $\omega^2 L C_2$. Diese Werte tragen wir in Abb. 41 auf dem negativen Teil der B-Achse auf, weil die Belastung kapazitiv ist.

Nun haben wir zu beachten, daß der Winkel ψ der Leitung abhängig von der Länge der Leitung ist, wie unsere Berechnungen im vorigen Abschnitt ergeben haben. Wir müssen also das Koordinatensystem jeweils im richtigen Winkel ψ gegen die Strecke MO einstellen. Ferner ändert sich auch die Einteilung der Achsen. Wer sich mit dieser Aufgabe eingehender beschäftigt, wird rasch erkennen, daß diese Änderungen leicht im Diagramm berücksichtigt werden können. Man läßt nämlich das Achsenkreuz ungeändert und verdreht die Strecke MO. Auf der Strecke MO trägt man auch die Verhältnisse der Reaktanzen auf und legt durch die so erhaltenen Punkte Senkrechte zur Strecke MO bis zum Schnitt mit der B-Achse. Die so erhaltenen Punkte verbindet man mit M und erhält das gewünschte Spannungsverhältnis der primären Spannung zur sekundären Spannung. Dieses Verhältnis ist in der zweiten Spalte der folgenden Zahlentafel eingetragen. Da die primäre Spannung konstant und gleich 110 kV ist, kann man die sekundäre Spannung ausrechnen; sie ist in der dritten Spalte eingetragen.

Zahlentafel 3.

l km	U_1/U_2 —	U_2 kV	N_{w1} kV	N_{b1} kVA	N_1 kVA	N_K kVA	N_s kVA
200	0,98	112,5	54,6	— 3750	3790	129900	25980
400	0,90	122,5	534	— 8109	8160	63000	10600
600	0,78	141	2529	—13770	14000	40080	8016
800	0,66	165	9000	—18945	20880	28050	5610
1000	0,59	184	21510	—17400	27700	21570	4314
1200	0,735	149,5	24840	— 3840	25150	16170	3234
1400	1,125	97,8	18390	+ 3780	18750	12795	2559

Man sieht, daß die sekundären Spannungen höhere Werte annehmen als die Primärspannung; man nennt diese Erscheinung Ferranti-Effekt. Dies ist für den Betrieb unzulässig. Denn erstens wird die Isolation der Leitung sehr hoch beansprucht, zweitens wird die Leitung außerordentlich spannungsempfindlich und drittens will man am Ende der Leitung eine konstante Spannung, die in der Regel gleich der Primärspannung sein soll. Wenn die Primärspannung konstant gehalten werden muß, kann die Sekundärspannung nur mit Hilfe von Reguliertransformatoren einreguliert werden. Auch für die Generatoren des Kraftwerkes ist dieser Zustand sehr unerwünscht, weil die Erregung außerordentlich geschwächt werden muß.

Nachdem die Sekundärspannung bekannt ist, kann man die sekundäre Belastung leicht rechnen. Man kann hierzu entweder das Diagramm der ersten Hauptform der Energieübertragung benützen oder, was im vorliegenden Fall zu empfehlen ist, mit dem Rechenschieber rechnen. Aus der sekundären Leistung, die eine kapazitive Blindleistung ($-N_{b2}$) ist, kann man den Strom und damit die Stromwärmeverluste und die in der Reaktanz der Leitung umgesetzte Blindleistung berechnen. Damit sind auch die primären Leistungen bekannt; sie sind in der Zahlentafel eingetragen, außerdem ist auch die sich daraus ergebende Scheinleistung N_1 berechnet. In der vorletzten Spalte ist die Scheinleistung des Kurzschlusses, also die charakteristische Leistung N_K der Leitung, zum Vergleich eingetragen.

Das Ergebnis zeigt, daß bei langen Leitungen die Leerlaufbelastungen außerordentlich hoch sind, ja sogar die maximale übertragbare Leistung der Leitung erreichen und überschreiten können. Nur bis etwa 400 km Leitungslänge sind die Verluste noch erträglich. Das ist ein sehr wichtiges Ergebnis. Es lehrt, daß der Betrieb so langer Leitungen ohne besondere Maßnahmen, mit deren Hilfe diese Erscheinungen beseitigt werden, nicht möglich ist. Auf diese Maßnahmen kommen wir noch zu sprechen.

f) Die kompensierte Leitung. Wir haben gefunden, daß es nicht möglich ist, auf beliebige Entfernungen beliebige Energiemengen zu übertragen. Die Eigenschaften der Leitung, der

Widerstand, die Induktivität, die Ableitung und Kapazität sind es, welche die übertragbare Leistung begrenzen. Hätte man eine ideale Leitung ohne Widerstände, Ableitung und Kapazität, so könnte man auf ihr unbegrenzte Energiemengen auf beliebige Entfernungen übertragen. Diesem Idealfall sucht man nahezukommen, indem man die Wirkungen der genannten Leitungseigenschaften aufzuheben, zu kompensieren sucht.

Den Spannungsabfall durch den Ohmschen Widerstand könnte man nach einem Vorschlag von Boucherot durch Zusatztransformatoren, die man in den Zug der Leitung schaltet, aufheben. Praktisch ist dieses Mittel noch nicht angewendet worden.

Die Ableitung sucht man durch möglichst gute Isolatoren und durch Unterdrückung der Korona (große Leiterdurchmesser) herabzusetzen.

Die Wirkung der Induktivität der Leitung kann theoretisch vollkommen kompensiert werden, indem man in den Zug der Leitung Kondensatoren schaltet. Bezeichnen wir die pro 1 km eingeschaltete Reihenkapazität mit K_0, so erhalten wir für den Impedanzbelag den Wert

$$z_0 = \sqrt{R_0^2 + \left(\omega L_0 - \frac{1}{\omega K_0}\right)^2}.$$

Man erkennt, daß für

$$K_0 = \frac{1}{\omega^2 L_0} \quad \ldots \ldots \ldots \ldots \quad (64)$$

der Klammerausdruck unter der Wurzel gleich Null wird, die Wirkung der Induktivität ist also aufgehoben. Man nennt diese Art der Kompensation »Längskompensation« der Leitung.

Die Kapazitätswirkung der Leiter gegeneinander und gegen Erde kann kompensiert werden durch parallelgeschaltete Drosselspulen, die in möglichst vielen Punkten der Leitung angeordnet werden. Man nennt diese Art der Kompensation »Querkompensation« der Leitung.

Wenn die Induktivität und Kapazität der Leitung gleichzeitig kompensiert sind, spricht man von einer »nivellierten« Leitung. Sie verhält sich genau so, wie eine Gleichstromleitung. In unserem Beispiel ergäbe sich für die Leitung von

1000 km Länge eine charakteristische Leistung $N_K = 51000$ kVA bei 110 kV bzw. $N_K = 204000$ kVA bei 220 kV. Bei Anwendung einer Doppelleitung erhöhen sich diese Beträge auf den doppelten Wert. Diese Leistung könnte man als reine Wirkleistung auf der Leitung übertragen; allerdings würde hierbei das Spannungsverhältnis gleich 0,5. Vergleicht man diese Zahlen mit den früher berechneten, so erkennt man den großen Vorteil der nivellierten Leitung.

Die Längskompensation und die Querkompensation spielen hierbei eine ganz verschiedene Rolle. Durch die **Längskompensation** wird die Impedanz der Leitung verkleinert, so daß im Idealfall nur mehr der Ohmsche Widerstand der Leitung wirksam ist. Dadurch wird die charakteristische Leistung der Leitung vergrößert. Wenn es gelingt, den Preis der Kondensatoren auf ein wirtschaftlich erträgliches Maß herabzusetzen, wird die Längskompensation noch eine große Bedeutung erlangen.

Durch die Querkompensation wird die Kapazität der Leitung in ihrer Wirkung aufgehoben und dadurch die Leitung von den Verlusten und Blindleistungen entlastet, die wir bei der leerlaufenden Leitung berechnet haben. Die charakteristische Leistung wird aber nicht vergrößert; denn diese hängt nur von der Impedanz der Leitung ab.

Die Querkompensation langer Leitungen mit Hilfe von Drosselspulen spielt neuerdings in der Praxis eine große Rolle, weshalb hier noch etwas näher darauf eingegangen werden soll.

Es wäre natürlich am besten, wenn man auf der ganzen Leitung sehr viele Drosselspulen, theoretisch unendlich viele, anordnen könnte. Dann würde das Spannungsverhältnis bei Leerlauf der Leitung gleich 1 werden und die primären Leistungen wären gleich 0. Die Leitung würde sich so verhalten, als wenn sie nur den Widerstandsbelag R_0 und den Reaktanzbelag ωL_0 hätte. Wenn man zum Vergleich die Verhältnisse bei der Leitung von 1000 km Länge betrachtet (Zahlentafel 3), die ohne Kompensation eine Scheinleistung aufnimmt, die größer als die charakteristische Leistung ist und deren Spannung U_2 rund doppelt so groß wie U_1 ist, so erkennt man den Wert und die Bedeutung der Querkompensation. Durch sie erst wird eine solche Leitung betriebsfähig.

Diesen Idealzustand einer vollkommen kompensierten Leitung können wir aber praktisch nicht erreichen. Wir müssen uns darauf beschränken, nur einige wenige Drosselspulen auf der Leitung anzuordnen, und es ist nun die Frage, wie viele solcher Drosselwerke vorgesehen werden müssen. Darüber kann nur die Rechnung Aufschluß geben.

Die Berechnung der Leitungskompensation kann auf verschiedene Weise durchgeführt werden. Ist die Spannung am Anfang der Leitung vorgeschrieben, dann benützt man das Diagramm der dritten Hauptform der Energieübertragung; ist die Spannung am Ende der Leitung gegeben, dann benützt man das Diagramm der ersten Hauptform der Energieübertragung. Man kann in diesem Fall aber auch mit dem einfachen Diagramm der Abb. 2 auskommen. Im Gegensatz zu den früher behandelten Anwendungen dieser Diagramme kann man im vorliegenden Fall die Aufgabe nicht durch einmalige Anwendung der Diagramme lösen, sondern wir müssen schrittweise vorgehen, weil wir die feine Verteilung der Leitungskapazität wirklich beachten müssen und nicht mehr mit der Ersatzschaltung der langen Leitung rechnen dürfen. Dies soll an Hand eines Beispieles gezeigt werden. Wir betrachten wieder die Leitung von 1000 km Länge mit den bekannten Belägen. Diese Leitung teilen wir willkürlich in 10 Teile ein zu je 100 km Länge und zeichnen die zugehörigen Kondensatoren ein. Die am Anfang und Ende der Leitung zu zeichnenden Kondensatoren ersetzen die Kapazität von je 50 km Leitung.

Wir wollen nun untersuchen, welche Verhältnisse sich beim Leerlauf der Leitung ergeben, wenn drei Drosselwerke angeordnet werden, und zwar je eines am Anfang und Ende der Leitung und eines in der Mitte der Leitung.

Wenn diese Drosselspulen die kapazitiven Ströme der Leitung kompensieren sollen, müssen ihre Ströme ebenso groß sein, wie die der Kondensatoren. Wären auch die Kapazitäten der Leitung auf diese drei Punkte konzentriert, so müßten wir uns am Anfang und Ende der Leitung Kondensanzen von je $740 \cdot 10^{-6}$ Siemens (siehe Zahlentafel 2) und in der Mitte eine solche von $1480 \cdot 10^{-6}$ Siemens angeschaltet denken. Daraus ergibt sich die Größe der Reaktanzen der Drosselspulen zu

$$\omega L_{A,K} = \frac{1}{740} \cdot 10^6 \text{ (Ohm)}$$

und

$$\omega L_M = \frac{1}{1480} \cdot 10^6 \text{ (Ohm)}.$$

Wir wollen nun die Rechnung durchführen für den Fall, daß die Spannung U_{10} am Ende der Leitung (früher U_2) gegeben ist. Wir benützen hierbei das Diagramm der Abb. 2. Die Spannung U_{10} sei 63,5 kV (d. s. 110 kV verkettete Spannung). Die im Punkt *10* eingeschaltete Drosselspule nimmt einen Strom von 47 A und der Kondensator einen Strom von 9,4 A auf. Da beide Ströme in Opposition stehen, bleibt ein um 90° nacheilender Strom von 37,6 A. Dieser Strom fließt in der Leitung zwischen den Punkten *9* und *10*. Widerstand und Reaktanz dieses Leitungsstückes sind bekannt, man kann also mit Hilfe des Diagrammes der Abb. 2 die Spannung U_9 ermitteln.

Hier ist ein Kondensator mit der Kapazität 100 C_0 angeschaltet; da die Spannung bekannt ist, kann man leicht den Strom berechnen, den dieser Kondensator aufnimmt und der der Spannung um 90° voreilt. Diesen Strom setzt man mit dem Strom von 37,6 A vektoriell zusammen und findet den Strom im Leitungsstück zwischen *8* und *9*. In dieser Weise fährt man fort, bis man schließlich die Spannung am Anfang der Leitung hat. Im Punkt *5* hat man darauf zu achten, daß außer dem Kondensator noch eine Drosselspule parallel geschaltet ist, deren Strom man zu den beiden anderen Strömen vektoriell addieren muß.

Die Rechnung ergibt schließlich die Spannung am Anfang der Leitung von 67,5 kV, also ein Spannungsverhältnis von 1,06. Bei der unkompensierten Leitung war die Spannung am Ende der Leitung doppelt so groß wie am Anfang. Man sieht also, daß schon bei drei Drosselspulen eine ausgezeichnete Kompensation zustande kommt. Da Strom und Spannung am Anfang der Leitung bekannt sind, kann man auch die primären Leistungen leicht berechnen. Diese sind natürlich wesentlich kleiner als bei der unkompensierten Leitung. Aber eines ist noch zu bedenken. Der Phasenwinkel ϑ zwischen der Anfangs- und Endspannung ist ca. 77°, ein Parallelbetrieb zweier Kraftwerke über diese Leitung wäre also nicht möglich.

Ordnet man alle 200 km ein Drosselwerk an, dann rückt das Spannungsverhältnis noch näher an 1 heran und der Phasenwinkel ϑ ist nur mehr 17°.

Man erkennt also, daß zur Erreichung eines günstigen Spannungsverhältnisses schon drei Drosselspulen genügen. Wenn man aber einen Parallelbetrieb über die Leitung möglich machen will, muß man mehr als 6 Drosselspulen anordnen.

Parallel zur Frage der Kompensation läuft aber noch ein anderes Problem, so daß eine Aufgabe nicht ohne die andere gelöst werden kann. Wir müssen also jetzt auf dieses Problem eingehen.

Aus der vorletzten Spalte der Zahlentafel 3 sieht man, daß die charakteristische Leistung N_K sehr stark mit zunehmender Leitungslänge abnimmt, und zwar stärker, als die Leitungslänge zunimmt, weil die Impedanz der Leitung rascher wächst als die Leitungslänge. Das ist ein für die Energieübertragung sehr unangenehmes Ergebnis.

Hierzu kommt aber noch folgendes. Wenn am Ende der Leitung ein Kraftwerk parallel arbeiten soll, was meistens der Fall sein wird, dann kann natürlich bei weitem nicht die charakteristische Leistung übertragen werden. Denn bei der Übertragung dieser Leistung ist der Phasenwinkel ϑ der Primär- — und Sekundär- — Spannung gleich 60°, und zwar gilt dies ganz allgemein, gleichgültig, welche Konstanten die Leitung besitzt. Läßt man nur einen Phasenwinkel von 12° zu, so kann nur etwa ein Fünftel der charakteristischen Leistung übertragen werden. In der letzten Spalte der Zahlentafel ist diese Leistung N_s des stabilen Betriebes eingetragen. Unsere Berechnungen haben zu einem schlechten Ergebnis geführt; denn Übertragungsleitungen mit derartigen Leerlaufverhältnissen und kaum nennenswerter Belastbarkeit sind für die Praxis unbrauchbar. Es ist jetzt die Frage, wie hier Wandel geschaffen werden kann.

Eine bedeutende Besserung ist möglich, wenn man die Spannung erhöht. Würde man die Leitung mit 220 kV speisen, dann könnte man die vierfache der in der Zahlentafel angegebenen Leistungen N_K und N_s übertragen. Wenn man außerdem auf dem Gestänge eine Doppelleitung verlegt, kann man diese Leistungen nochmals auf etwa das Doppelte steigern, im ganzen erhalten wir also den achtfachen Betrag. Greifen wir die Leitung von 1000 km Länge heraus, so könnte man also auf ihr rd. 35000 kVA stabil übertragen. Um ein Urteil zu erlangen, wie diese Zahl zu bewerten ist, wollen wir folgendes überlegen.

Es kostet 1 km Doppelleitung für 220 kV etwa 70000 Mark; 1000 km würden also etwa 70 Millionen Mark kosten. Nimmt man an, daß dieses Kapital zu nur 10% verzinst werden müßte, dann würden die festen Betriebskosten pro 1 kVA und 1 Jahr 200 Mark betragen. Diese festen Kosten für die Leitung allein sind viel zu hoch. Trotz der Steigerung der Spannung und trotz Verlegung eines Doppelsystems wäre der Betrieb dieser Leitung wirtschaftlich unmöglich.

F. S. Baum hat einen Weg gewiesen, der sehr beachtenswert ist. Er hat vorgeschlagen, im Zuge einer langen Leitung künstlich Zwischenstationen (»Stützpunkte der Leitung«) anzuordnen, wenn nicht schon aus Gründen der Energieabgabe solche Unterstationen nötig sind. Diese Stützpunkte sollen mit Synchronmaschinen versehen werden, die in der Lage sind, ihren Spannungsvektor starr aufrechtzuerhalten. Diese Stützpunkte müßten in einem Abstand voneinander angeordnet werden, daß bei der zu übertragenden Leistung der Phasenwinkel ϑ der Spannungen zwischen zwei Stützpunkten oder zwischen dem Stützpunkt und Anfang bzw. Ende der Leitung nicht größer als 12^0 ist. Soll mit dem Spannungsverhältnis 1 die charakteristische Leistung übertragen werden, dann müßten vier Stützpunkte geschaffen werden, wodurch die Leitung in fünf Teile zerfällt. Denn, wie schon öfter erwähnt, ist der Winkel ϑ bei der Übertragung der charakteristischen Leistung gleich 60^0; wenn 12^0 nur zulässig sind, muß die Leitung in fünf Teile geteilt werden.

Dann könnte man also auf einer Doppelleitung von 1000 km Länge bei einer Spannung von 220 kV eine Leistung von 150 bis 200 MW übertragen. Zu den Leitungskosten kommen allerdings noch die Kosten der Stützpunkte hinzu, falls diese nicht an und für sich als Unterstationen angeordnet werden müssen. Jedenfalls wird auf diese Weise der Anteil an den festen Kosten der Leitung pro 1 kVA auf ein wirtschaftlich erträgliches Maß heruntergedrückt.

Es ist naheliegend, daß diesen Stützpunkten der Leitung auch die Aufgabe der Querkompensation übertragen werden könnte. Man würde in diesem Fall keine Drosselspulen, sondern die Synchronmaschinen der Stützpunkte selbst zur Querkompensation verwenden. Diese Anordnung hat noch folgenden Vorteil. Es ist klar, daß die Induktivität der Drosselspulen geändert werden muß, wenn der Verbraucher schwankende Blindlast einschaltet. Dies läßt sich schön bei der Verwendung von Synchronmaschinen durchführen, indem man durch Änderung ihrer Erregung den Kompensationsstrom einstellt.

Es geht also, wie schon erwähnt, die Frage der Kompensation Hand in Hand mit dem Problem der Stabilisierung der Leitung. Die Zahl der zur Stabilisierung notwendigen Stützpunkte dürfte im allgemeinen auch für eine gute Kompensation der Leitung ausreichend sein.

Anhang.

Im folgenden sind die Beläge für Widerstände und Leitwerte von Freileitungen und Kabeln unter Benutzung der Druckschrift der AEG »Rechnungsgrößen von Hochspannungsanlagen« zusammengestellt, um bei der Berechnung von Leitungen Anhaltspunkte für die numerischen Werte zu geben.

1. Widerstandsbelag.

In der nachstehenden Zahlentafel ist der Widerstandsbelag R_0 für Freileitungen je Leiter für Kupfer, Aluminium und Stahl-Aluminium abhängig vom Querschnitt dargestellt.

In Abb. 45 sind die Werte der Zahlentafel für Freileitungen graphisch dargestellt, und zwar sind auch die Kehrwerte $\frac{1}{R_0}$ eingetragen.

Für Kabel wird im allgemeinen ein weicheres Kupfer verwendet. Für die Berechnung des Widerstandsbelages von Kabeln gilt die Formel

$$R_0 = \frac{17{,}8}{\text{Nennquerschnitt}}\ \text{Ohm/km}.$$

2. Induktivitäts- und Kapazitätsbelag.

Unter Zugrundelegung einer Frequenz von 50 Hertz und einer vollkommenen Verdrillung der Leiter sind in Abb. 46 der Belag der induktiven Reaktanz ωL_0 und der kapazitiven Suszeptanz ωC_0 sowie der Kehrwert $\frac{1}{\omega L_0}$ von Freileitungen abhängig vom Verhältnis des mittleren Leiterabstandes d zum Leiteraußenhalbmesser r dargestellt. Dabei ist unter dem mittleren Leiterabstand d bei Drehstrom der geometrische Mittelwert der drei Leiterabstände verstanden; es ist also

$$d = \sqrt[3]{d_{12} \cdot d_{23} \cdot d_{31}}.$$

Zahlentafel.

Nennquerschnitt	Kupfer				Aluminium				Stahl-Aluminium				
	Istquerschnitt	Seildurchmesser	Wirkwiderstand	Gewicht	Istquerschnitt	Seildurchmesser	Wirkwiderstand	Gewicht	Istquerschnitt Stahl	Istquerschnitt Aluminium	Seildurchmesser	Wirkwiderstand	Gewicht
	mm^2	mm	$Ohm \cdot km^{-1}$	$kg \cdot km^{-1}$	mm^2	mm	$Ohm \cdot km^{-1}$	$kg \cdot km^{-1}$	mm^2	mm^2	mm	$Ohm \cdot km^{-1}$	$kg \cdot km^{-1}$
35	34	7,5	0,531	316	—	—	—	—	—	—	—	—	—
50	48,5	9,0	0,373	442	—	—	—	—	—	—	—	—	—
70	66	10,5	0,277	597	66	10,5	0,450	183	10,8	62,5	11,3	0,474	261
95	93	12,5	0,1953	845	93	12,5	0,318	260	15,0	90,1	13,5	0,329	372
120	117	14,0	0,1557	1060	117	14,0	0,253	326	20,9	122,6	15,8	0,242	510
150	147	15,8	0,1238	1332	147	15,8	0,201	410	27,8	165,9	18,3	0,1774	686
185	182	17,5	0,1002	1645	182	17,5	0,163	516	35,8	209,1	20,6	0,1413	871
240	243	20,3	0,0751	2200	243	20,3	0,122	675	44,6	264,7	23,1	0,1118	1097
300	—	—	—	—	299	22,5	0,0989	833	56,2	326,7	25,7	0,0906	1354

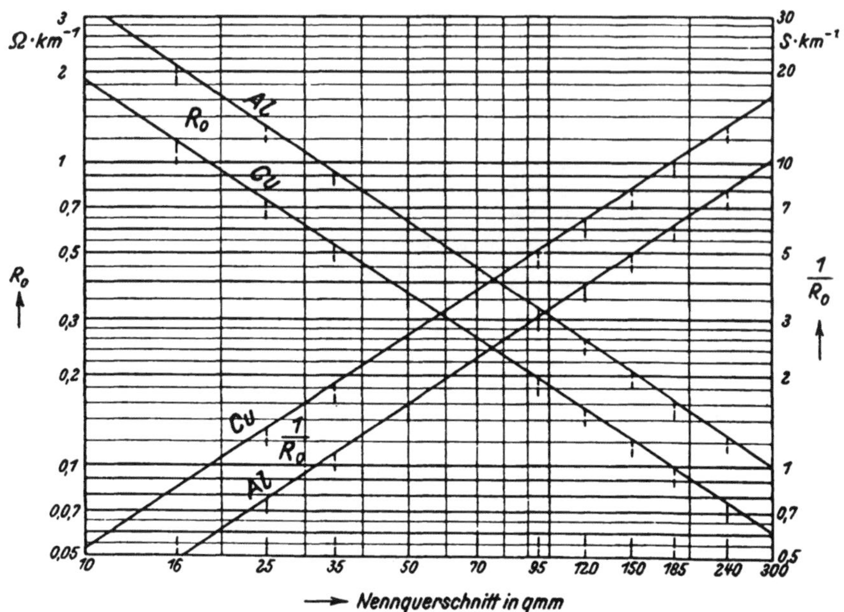

Abb. 45. Widerstandsbelag R_0 und Leitwertsbelag $g_0 = \frac{1}{R_0}$ von Kupfer- und Aluminium-Leitungen abhängig vom Querschnitt.

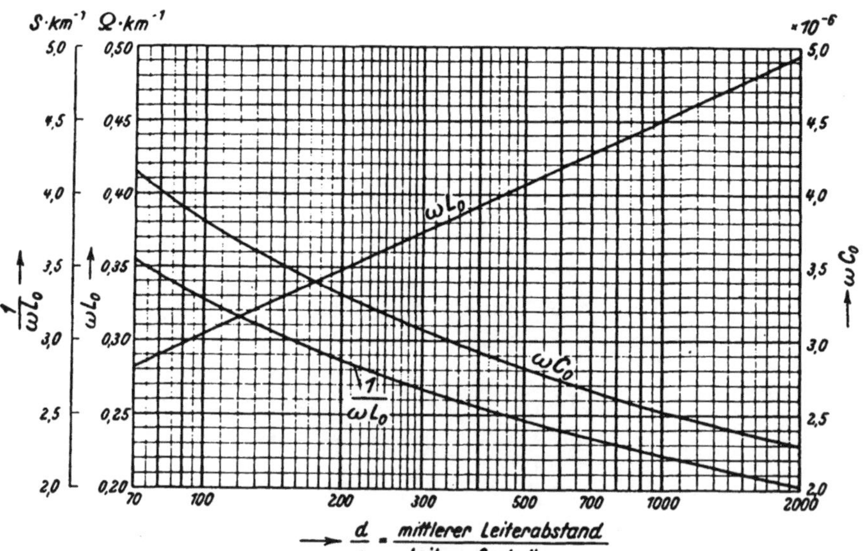

Abb. 46. Reaktanzbelag ωL_0 und Suszeptanzbelag $\frac{1}{\omega L_0}$ und ωC_0 (Siemens) von Freileitungen abhängig von $\frac{d}{r}$.

Bei Drehstrom-Doppelleitungen sind die Werte der Abb. 46 mit den in Abb. 47 angegebenen Umrechnungsziffern zu multiplizieren. Die Abb. 47 enthält verschiedene Mastbilder, die maßstäblich gezeichnet sind, und zwar ist der mittlere Leiterabstand d für alle Mastbilder der gleiche. Bei Mastbildern mit anderen Verhältnissen der Leiterabstände hat man die Umrechnungsziffern zu interpolieren.

$1{,}0\,\omega L_0$	$1{,}015\,\omega L_0$	$1{,}026\,\omega L_0$	$1{,}026\,\omega L_0$
$1{,}0\,\omega C_0$	$0{,}985\,\omega C_0$	$0{,}975\,\omega C_0$	$0{,}975\,\omega C_0$
$1{,}018\,\omega L_0$	$1{,}034\,\omega L_0$	$1{,}047\,\omega L_0$	$1{,}080\,\omega L_0$
$0{,}983\,\omega C_0$	$0{,}968\,\omega C_0$	$0{,}955\,\omega C_0$	$0{,}926\,\omega C_0$

Abb. 47. Mastbildanordnung von Drehstrom-Doppelleitungen.

Bei Hohlseilen hat man den Wert für den Induktivitätsbelag außerdem noch mit der weiteren Umrechnungsziffer $\left(0{,}96 + 0{,}051\,\frac{\delta}{r}\right)$ zu multiplizieren. Hierin bedeuten δ die Wandstärke und r den Außenhalbmesser des Hohlseiles. Diese Umrechnungsziffer gilt im Bereich $0 < \frac{\delta}{r} < 0{,}6$.

Die in Abb. 46 angegebenen Werte gelten genügend genau für Freileitungen mit oder ohne Erdseilen.

In den Abb. 48 und 49 sind die Beläge ωL_0 und C_0 für Kabel dargestellt, und zwar in Abb. 48 für gewöhnliche Drehstromkabel und in Abb. 49 für Drehstrom-H-Kabel.

An einem ausgeführten Kabel für 100 kV (Einleiterkabel) wurden folgende Werte für die Beläge gemessen:

$C_0 = 0{,}21 \cdot 10^{-6}$ Farad; $\omega L_0 = 0{,}166$ Ohm; $R_0 = 0{,}925$ Ohm;
Verlustwinkel $\operatorname{tg} \delta = 0{,}0059$.

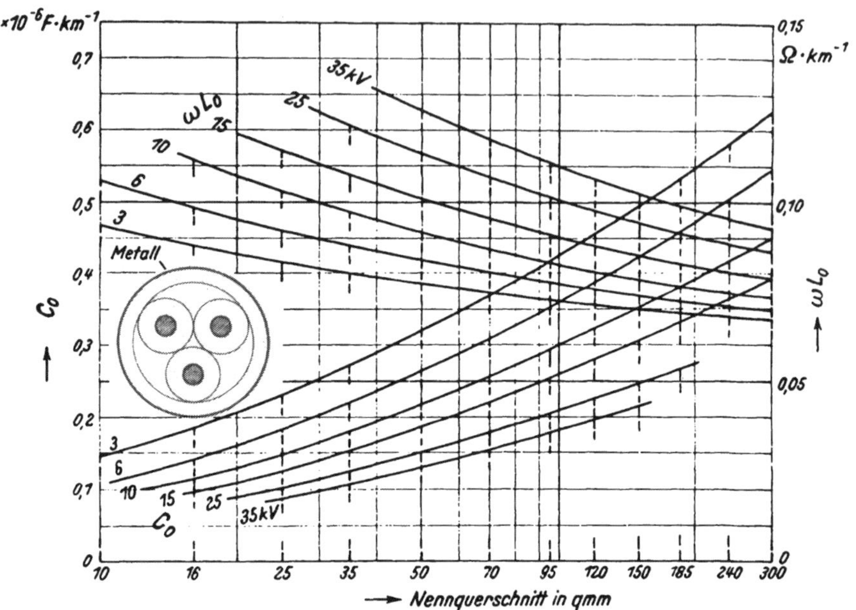

Abb. 48. Reaktanzbelag ωL_0 und Kapazitätsbelag C_0 von gewöhnlichen Drehstromkabeln.

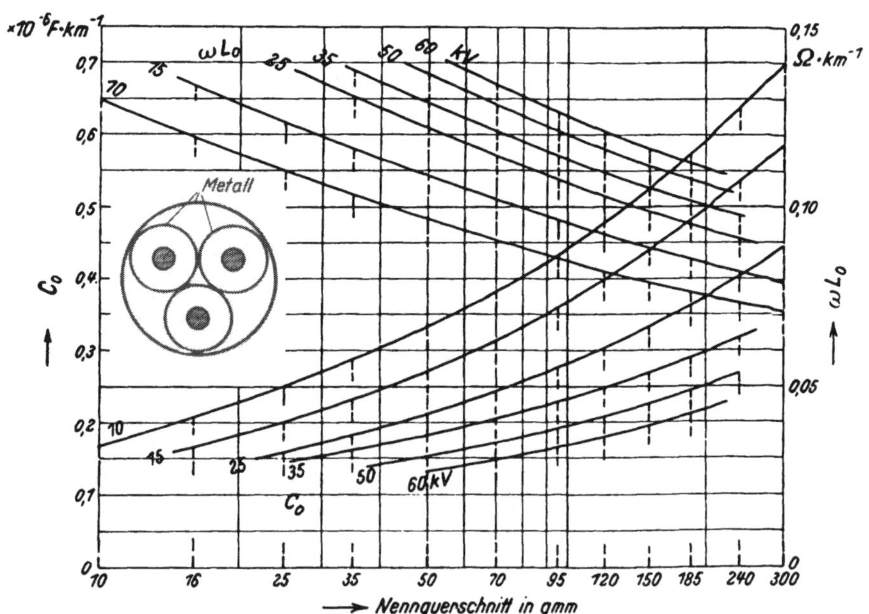

Abb. 49. Reaktanzbelag ωL_0 und Kapazitätsbelag C_0 von Drehstrom-H-Kabeln (metallisierte Einzelleiter).

3. Ableitungsbelag.

Unter der Ableitung versteht man die dem Quadrat der Spannung proportionalen Verluste.

Bei Freileitungen hoher Spannung treten sie in Form von Glimmverlusten (Korona) auf. Die Glimmverluste sind von der Beschaffenheit der Leiteroberfläche und von den Witterungsverhältnissen stark abhängig. Man rechnet für Drehstromleitungen im Mittel mit 1 bis 4 kW Verlusten pro 1 km bei Spannungen von 100 bis 220 kV.

Daraus berechnet sich der Ableitungsbelag zu

$g_0 = 0{,}1 \cdot 10^{-6}$ Siemens/km je Leiter bei 100 kV verketteter Spannung,

$g_0 = 0{,}0827 \cdot 10^{-6}$ Siemens/km je Leiter bei 220 kV verketteter Spannung.

Bei Kabeln werden die Verluste verursacht durch die Leitfähigkeit der Isolation und durch die dielektrische Hysteresis.

Man kann hier für den Ableitungsbelag annehmen:

$g_0 = 0{,}01\ \omega C_0$ Siemens/km je Leiter bei Drehstromkabeln gewöhnlicher Bauart,

$g_0 = 0{,}005\ \omega C_0$ Siemens/km je Leiter bei Einphasenkabeln und bei Drehstromkabeln mit metallisierten Einzelleitern.

Literatur.

Burger O., Berechnung von Drehstromkraftübertragungen. J. Springer, Berlin 1927.

Emde F., Sinusrelief und Tangensrelief in der Elektrotechnik. F. Vieweg & Sohn, Braunschweig 1924.

Fraenkel A., Theorie der Wechselströme. J. Springer, Berlin 1930.

Grünholz H., Theorie der Wechselstromübertragung. J. Springer, Berlin 1928.

Hering, E. Neue Methoden der graphischen Netzberechnung. Elektro-Journal 1927, Heft 3 u. 4.

Herzog-Feldmann, Die Berechnung elektrischer Leitungsnetze in Theorie und Praxis. J. Springer, Berlin 1927.

Ossanna J., Fernübertragungsmöglichkeiten großer Energiemengen. ETZ 1922, Heft 32 und 33.

Ossanna J., Neue Arbeitsdiagramme über die Spannungsänderung in Wechselstromnetzen. E & M 1926, Heft 6.

Roeßler G., Die Fernleitung von Wechselströmen. J. Springer, Berlin 1905.

Rüdenberg R., Kurzschlußströme beim Betrieb von Großkraftwerken. J. Springer, Berlin 1925.

Rüdenberg R., Das Verhalten elektrischer Kraftwerke und Netze beim Zusammenschluß. ETZ 1929, Heft 27.

Schwaiger A., Graphische Berechnung elektrischer Leitungsnetze. ETZ 1920, Heft 12.

Schwaiger A., Ermittlung von Kurzschlußströmen in Netzen. ETZ 1929, Heft 32.

Teichmüller J., Die Berechnung der Leitungen auf der Grundlage der vier Grundgrößen. ETZ 1921, Heft 29 und 30.

Wichtige Fachbücher

Kraftwirtschaft. Von Dr.-Ing. Hans Balcke.
Band I: Der technische Aufbau neuzeitlicher Kraftwerke. 692 S., 393 Abb. 8°. 1930. Brosch. M. 36.—, in Leinen geb. M. 38.—.
Das Buch behandelt die ungeheure Fülle des Stoffes in übersichtlicher und klarer Form, und zwar in einer Weise, daß der Leser sich über ihn interessierende Fragen eingehend unterrichten kann, ohne daß es notwendig ist, das gesamte Werk in sich aufzunehmen. Es stellt also eine Übergangsform zu einem Nachschlagewerk dar.

Die Bekämpfung des Erd- und Kurzschlusses in Höchstspannungsnetzen. Von Dr.-Ing. Paul Bernett. 53 S., 5 Abb., Gr.-8°. 1927. M. 4.—.

Schaltungsschemata für zwei- und dreiphasige Stabrotoren. Von Ing. Dr. J. Bojko. 62 S., 7 Tab., 16 Abb. Gr.-8°. 1924. M. 2.—.

Die Theorie moderner Hochspannungsanlagen. Von Dr.-Ing. A. Buch. 2. Aufl., 380 S., 152 Abb. Gr.-8°. 1922. Brosch. M. 11.—, geb. M. 13.—.

Die Stromtarife der Elektrizitätswerke. Theorie und Praxis. Von H. E. Eisenmenger, New York. Autor. deutsche Bearbeitung von A. G. Arnold, Berlin. 254 S., 67 Abb. Gr.-8°. 1929. Broschiert M. 13.—, in Leinen geb. M. 15.—.

Taschenbuch für Monteure elektrischer Starkstromanlagen. Bearbeitet und herausgegeben von S. Frhr. von Gaisberg. 89., neu bearbeitete Auflage erscheint 1931.

Taschenbuch für Fernmeldetechniker. Von Obering. H. W. Goetsch. 4., verb. Aufl. 538 S., 844 Abb. Kl.-8°. 1929. In Lein. geb. M. 13.—.

Quecksilberdampf-Gleichrichter. Wirkungsweise Konstruktion und Schaltung von D. C. Prince und F. B. Vogdes. Deutsche Ausgabe bearbeitet von Dr.-Ing. Otto Gramisch. 199 S., 172 Abb. Gr.-8°. 1931. Brosch. M. 13.—, in Leinen geb. M. 15.—.
Anschaulichkeit der Darstellung und reiches Tatsachenmaterial, das die Verfasser bei der General Electric Company sammelten, kennzeichnen dieses Werk. Die deutsche Bearbeitung bezieht sich auf die Anführung deutscher Literaturstellen und auf den Ersatz amerikanischer Abbildungen durch solche modernster europäischer Konstruktionen. Die Neuerungen seit Erscheinen der Originalausgabe wurden in einem Schlußkapitel zusammengefaßt.

Das Bürstenproblem im Elektromaschinenbau. Ein Beitrag zum Studium der Stromabnahme von Kommutatoren und Schleifringen bei elektrischen Maschinen. Von Obering. Dr. W. Heinrich. 194 S., 114 Abb. Gr.-8°. 1930. Brosch. M. 10.—, in Leinen geb. M. 12.—.

Fahrleitungsanlagen für elektrische Bahnen. Von Fr. W. Jacobs. 296 S., 400 Abb. Gr.-8°. 1925. Brosch. M. 9.—, geb. M. 10.50.

Freileitungsbau / Ortsnetzbau. Von F. Kapper. 4., umgearb. Aufl. 395 S., 374 Abb., 2 Tafeln, 55 Tabellen. Gr.-8°. 1923. Broschiert M. 12.—, geb. M. 13.50.

R. Oldenbourg, München 32 u. Berlin

Wichtige Fachbücher

Die Technik der elektrischen Meßgeräte. Von Dr.-Ing. Gg. Keinath. 3., vollständig umgearbeitete Auflage. Gr.-8°.
Bd. I: Meßgeräte und Zubehör. 620 S., 561 Abb. 1928. Broschiert M. 33.—, in Leinen geb. M. 35.—.
Bd. II: Meßverfahren. 424 S., 374 Abb. 1928. Broschiert M. 22.50, in Leinen geb. M. 24.50.

Elektrische Temperaturmeßgeräte. Von Dr.-Ing. Georg Keinath. 284 S., 219 Abb. Gr.-8°. 1923. Broschiert M. 9.20, geb. M. 11.—.

Elektro-Wärmeverwertung als ein Mittel zur Erhöhung des Stromverbrauches. Von Ing. R. Kratochwil. 2., umgearbeit. Auflage. 703 S., 431 Abb., zahlreiche Tabellen. Gr.-8°. 1927. Broschiert M. 38.50, in Leinen geb. M. 40.—.

Die Krankheiten des Blei-Akkumulators, ihre Entstehung, Feststellung, Beseitigung, Verhütung. Von Ing. F. E. Kretzschmar. 3. Aufl. 188 S., 98 Abb. 8°. 1928. Brosch. M. 9.—, in Lein. geb. M. 10.50.

Berechnung der Gleich- und Wechselstromnetze. Von Ing. K. Muttersbach. 123 S., 88 Abb. Gr.-8°. 1925. M. 5.60.

Landes-Elektrizitätswerke. Von Dipl.-Ing. A. Schönberg u. Dipl.-Ing. E. Glunk. 409 S., 148 Abb., 4 Tafeln, 56 Listen. Lex.-8°. 1926. Broschiert M. 23.—, in Leinen geb. M. 25.—.

Lehrgang der Schaltungsschemata elektrischer Starkstromanlagen. Von Dr. J. Teichmüller, Prof. an der T. H. Karlsruhe.
I. Band: Schaltungsschemata für Gleichstromanlagen. 2., neubearbeitete Auflage. 138 S., 9 Abb., 27 Taf., 3 Deckbl. 4°. 1921. In Leinen geb. M. 12.—.
II. Band: Schaltungsschemata für Wechselstromanlagen. 2., neubearbeitete Auflage. 179 S., 20 Abb., 29 Taf., 4 Deckbl. 4°. 1926. In Leinen geb. M. 12.—.

Der Einphasen-Bahnmotor. Kritik und Ersatz seines Vektor-Diagramms. Von Dr.-Ing. Karl Töfflinger. 55 S., 26 Abb. Gr. 8°. 1930. M. 4.20.

Selektivschutzeinrichtungen für Hochspannungsanlagen. mit Anleitung zu ihrer Projektierung. Von Obering. M. Walter. 134 S., 77 Abb. 8°. 1929. M. 7.—.

Die Transformatoren. Theorie, Aufbau und Berechnung. Ein Handbuch für Studierende und Praktiker. Von Prof. Dr. R. Wotruba. und Ing. A. Stifter. 207 S., 102 Abb., 1 Tabelle. Gr.-8°. 1928. Broschiert M. 10.—, in Leinen geb. M. 11.50.

Kurzes Lehrbuch der Elektrotechnik für Werkmeister, Installations- und Beleuchtungstechniker. Von Prof. Dr. R. Wotruba. 203 S., 219 Abb. Gr.-8°. 1925. Broschiert M. 5.20, geb. M. 6.40.

Der ein- und mehrphasige Wechselstrom. Von Prof. Dr. R. Wotruba. 92 S., 97 Abb. Gr.-8°. 1927. M. 3.60.

R. Oldenbourg, München 32 u. Berlin

Printed and bound by CPI Group (UK) Ltd, Croydon, CR0 4YY
15/07/2026
14922145-0001